W0101196

DELIUS KLASING
DELIUS KLASING VERLAG GMBH
Datum: 03.05.2010

Archivexemplar:

Walz   Alfa Romeo
Mailänder Design-Ikonen

1. Auflage

Gesamtherstellung: Appl
Auflage: 3500 Ex.
Ladenpreis: 39,90 Euro

erschienen am: 03.05.2010 ni

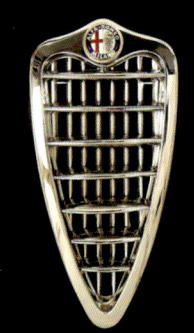

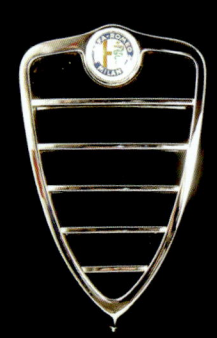

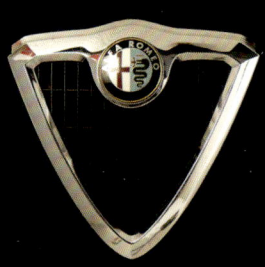

JÖRG WALZ

ALFA ROMEO
100 JAHRE MAILÄNDER DESIGN-IKONEN

DELIUS KLASING VERLAG

STARKE WURZELN

Mit technisch erstklassigen und sportlich erfolgreichen Fahrzeugen baut Alfa Romeo ein Fundament, auf dem die Marke bis heute stabil thront. Die Automobile aus Portello markieren die Spitze des internationalen Automobilbaus und festigen einen Ruf, der heute noch seinesgleichen sucht. Die Vorkriegsära beginnt mit dem 24 HP von 1910 und führt zum grandiosen 8C 2900. Mit den Modellen 6C 1750 und 8C 2300 wird die Marke unsterblich.

EMOTION VERBINDET

Alfa Romeo ist eine Herzensangelegenheit – und damit ist nicht das herzförmige Scudetto gemeint, das seit jeher jede Frontpartie schmückt. Der Glanz der Marke fasziniert schon immer auch Künstler und Kreative, die ihn in Anzeigenmotiven versuchen in Wort und Bild zu fassen.

AUF MEHREREN BEINEN

Alfa Romeo ist vertreten zu Wasser, zu Lande und in der Luft. Anders als die lediglich kurze Fertigungsepisode von Boots- und Flugzeugmotoren bildet die Produktion von Nutzfahrzeugen über Jahrzehnte ein wichtiges Standbein neben dem Bau von sportlichen Automobilen. Kuriose Lizenzprodukte runden zwischenzeitig das Spektrum ab.

MIT VOLLEM ELAN

Mit frischen Ideen und spannenden Modellen startet Alfa Romeo auflagenstark in die Wirtschaftswunderjahre und löst sich vom ehemaligen Dasein einer Manufaktur. Alfa Romeo 1900, 2000, 2600 und Giulietta begeistern dies- und jenseits der Alpen. Sie werden zum Inbegriff des »Dolce Vita« und Traumwagen – und das nicht nur für Motorsportler.

INHALT 36 49 52 56

DIE GOLDENEN 1960ER-JAHRE

Mit der Giulia, dem »Bertone« und Spider wird Alfa Romeo erwachsen. Das Werk in Portello platzt aus allen Nähten und wird zugunsten des neuen Standorts Arese aufgegeben. Alfa Romeo erfindet die Sportlimousine und gilt als Maßstab für die gesamte Branche. Die Produktionszahlen schnellen nach oben, die Reputation der Marke ist erstklassig.

80

UNRUHIGE ZEITEN

Der Alfasud ist konzeptionell und technisch genial. Für die Marke ist er ein Erfolgsmodell, und doch trägt er kräftig dazu bei, dass der Glanz der Marke tiefe Kratzer erhält. Die Modelle in den Jahren zwischen Alfetta und Alfa 75, Alfasud und Alfa 33 oder Alfa 6 und Alfa 164 polarisieren. Alfa Romeo erlebt bewegte Zeiten und wirtschaftliche Probleme.

104

DER ZAUBER DES GUTEN GESCHMACKS

Alfa Romeo ist praktisch ein Synonym für automobile Haute Couture. Die in Blech geformte Mode wird seit jeher in Mailand, aber auch auf den Tischen zahlreicher Carroziere geschneidert. Auf jeden Fall spielt das Design bei Alfa Romeo eine wichtige Rolle für den Zauber der Marke.

128

IDEEN AUF VIER RÄDERN

Längst hören die »Salonlöwen«, die auf Messen und Ausstellungen als die Fantasie beflügelnden Geschmacksmuster und Richtungsweiser fungieren, auf die Bezeichnung Concept Cars. Die von der Marke ausgehende Faszination führt schon früh dazu, dass automobile Träume auf Basis eines Alfa Romeo die Fantasie offenbar ein wenig schöner beflügeln.

150

IN BEHUTSAMEN FITTICHEN

Mitte der 1980er-Jahre nimmt sich der Fiat-Konzern des wirtschaftlich schwer angeschlagenen Staatsunternehmens an. In privater Hand, mit behutsamer Führung und starken Innovationen aus einem gut bestückten Technik-Baukasten blüht die Marke wieder auf und beweist Stärke. Modelle wie der Alfa 156, Alfa 147 oder MiTo und 8C zeugen von der Kraft der Marke und ihrer behüteten Heimat bei Fiat.

166

VORWORT

Auftritt und Anmutung des Alfa Romeo 2600 Spider ähneln dem des Maserati 3500 GT Spider.
Beide gehören zu den großen offenen Sportwagen der 1960er-Jahre.

»Immer wenn ich einen Alfa Romeo sehe, ziehe ich meinen Hut.« Dieser Satz wird Henry Ford zugeschrieben, dem Vater des fließbandgefertigten Automobils, der auf diese Weise die Hochachtung gegenüber den erstklassigen Fahrzeugen aus Norditalien zum Ausdruck gebracht haben soll.

EINE HERZENSANGELEGENHEIT

Tatsächlich ist Alfa Romeo eine der »Königsmarken« der Automobilwelt. Die Kraft der Marke scheint unbändig, der Mythos unzerstörbar und die Leidenschaft, die sie zu wecken vermag, unendlich. Die Wege, über die Alfa Romeo die Herzen der Automobilisten erobert, sind vielschichtig: Sporterfolge, Motorklang, technische Avantgarde, Design, Fahrdynamik und -eigenschaften sind einige dieser Koordinaten. Müssten diese in einem Wort zusammengefasst werden, kann das nur mit EMOTION beschrieben werden – bei Alfa Romeo im wahrsten Sinne des Wortes großgeschrieben.

Und selbst wenn der Zugang schlichtweg über einzelne Modelle erfolgt, ist auch hier die Vielzahl nur schwer zu überblicken. Je nach Generation oder »Fortgeschrittenen-Stadium« taugen hierzu die Vorkriegsmodelle bis hin zum fantastischen 8C 2900, die Giulietta als Traumwagen der Wirtschaftswunderjahre und des italienischen »Dolce Vita«, die Giulia nebst artverwandtem Coupé und Spider, die Unternehmer und Studenten gleichermaßen zu begeistern vermochten, der fast noch aktuelle Alfa 156 oder, oder, oder …

Auch Erinnerungen spielen eine Rolle. Ich erinnere mich beispielsweise daran, wie mich Klang und Form der doch eher extrovertierten Alfetta und Giulia in Kindheitstagen begeisterten. Und im Laufe einer Mille Miglia traf ich im Herzen Italiens eine ältere Dame, die sich mit Tränen in den Augen an ihre Kindheit erinnerte. Damals erlebte sie die grandiosen Alfa Romeo nebst Nuvolari leibhaftig, »und damals waren die Straßen noch nicht asphaltiert«, klang es jubilierend aus ihrer Stimme mit.

Und auch die Solidarität und Hilfsbereitschaft unter Alfisti dürfte in der großen automobilen Welt ihresgleichen suchen. So durfte ich erleben, wie meine ersten, sich deutlich jenseits des üblichen Lebenszyklus eines Automobils befindlichen Alfa Romeo dank tatkräftiger Unterstützung versierter Alfisti weiterhin am Leben gehalten werden konnten – und das in studententauglichem Budgetrahmen. Es war mir Freude und Pflicht, das Wissen, das mir damals zum Erhalt eines höllisch gut klingenden Alfasud ti übermittelt wurde, später an andere Alfa-Freunde weitergeben zu können. Und es ist ein Glücksgefühl zu sehen, dass einer der damaligen »Schrauberfreunde« längst seinen Lebensunterhalt mit dem Erhalt klassischer Alfa Romeo verdient.

Heute zählen nicht mehr allein die Pferdestärken. Leistungsstarke Autos kommen längst nicht mehr ausschließlich aus Italien, sondern von fast allen Herstellern der Welt. Doch selbst in Zeiten, in denen die Emission von CO_2 zum festen Begriff im Quartettspielen erwächst, ist Alfa Romeo dank zukunftsweisender Technik vorn dabei. Dafür zeichnet sich die MultiJet getaufte Common-Rail-Diesel-Direkteinspritzung ebenso verantwortlich wie MultiJet, die weltweit erste vollvariable hydraulische Ventilsteuerung.

Ich wünsche Ihnen so viel Spaß bei der Lektüre des vorliegenden Buches, wie ich ihn während der jahrelangen Recherche und der Begleitung dieser einzigartigen Marke erleben durfte.

Ihr Jörg Walz

DAS FEUER EINER LEIDENSCHAFT

*Die nächtlichen Straßen von San Marino glühen, als zöge sich ein Lavastrom durch die Häuserschluchten.
Und das ist nicht nur in der Nacht vor der Mille Miglia so.*

INSIGNIEN DES GLÜCKS:
DAS QUADRIFOGLIO VERDE

Das grüne vierblättrige Kleeblatt begleitet Ugo Sivocci 1923 auf dem Weg zum Sieg bei der Targa Florio. Dieser große Sieg markiert einen Anfang von unzähligen Triumphen, bei denen natürlich auch dieser Glücksbringer nicht fehlen darf. Längst schmückt das Quadrifoglio nicht nur die Rennwagen, sondern auch die sportlichsten Serienmodelle der Marke. Neben dem Kleeblatt trägt der P3, der erste Monoposto auf Europas Grand-Prix-Pisten (rechts) auch das weltberühmte Wappen der Scuderia Ferrari. Ferrari fungiert zeitweilig als Werksrennstall. Enzo Ferrari ist Rennleiter und Chef des legendären Tazio Nuvolari, dessen Erfolge auf Alfa Romeo ihn und die Marke unsterblich machten.

WAHRE CHAMPIONS

Die Alfetta (Tipo 158 und 159) ist der dominierende Bolide der frühen Nachkriegsjahre. Mit dem 1,5-Liter-Achtzylinder-Kompressor-Monoposto werden Nino Farina und Juan Manuel Fangio 1950 und 1951 die ersten Champions der frisch aus der Taufe gehobenen Formel-1-Weltmeisterschaft. 1951 bringt der in seiner Urform bereits 1938 vorgestellte Rennwagen stolze 425 Pferdestärken über die Transaxle-Hinterachse auf die Pisten der Welt. Hier pflügt der spätere fünffache Weltmeister über die nasse Piste des Berner Bremgartens und verteidigt seine Führung vor Ferrari-Pilot Piero Taruffi. Beachtenswert sind die horizontalen Schutzbleche hinter den Vorderrädern, die den Piloten vor Spritzwasser schützen sollen.

PROMINENTER GLANZ UND AUTOMOBILER GLANZ FÜR DIE PROMINENZ

Hollywood-Star Tyrone Power lässt sich von Rennfahrer Consalvo Sanesi (am Steuer) den »Disco Volante« von 1952 erklären. Bei diesem heute im »Schlumpf-Museum« (Mulhouse Musée de l'Automobile) stehenden Exemplar handelt es sich um den 1900 C52 ohne die bauchigen Kotflügel, die diesem Modell den Spitznamen »fliegende Untertasse« bescherten. Die schmale Version erzielt 1954 und 1955 ein paar beachtliche Resultate bei Bergrennen. Unter der leichten Touring-Karosserie verbergen sich ein Gitterrohrrahmen und ein Zweiliter-Vierzylinder. Spätere Exemplare des insgesamt neunmal gefertigten Fahrzeugs erhalten einen Reihensechszylinder und hören auf die Bezeichnung 6C 3000. Mit einem solchen Wagen trumpft Juan Manuel Fangio 1953 noch einmal bei der Mille Miglia auf.

EINZIGARTIGE ELEGANZ UND UNVERKENNBARER STIL

Die Giulia wird zu DEM Alfa Romeo der Nachkriegszeit. Luftwiderstandsbeiwert und Sicherheitsstandard setzen in den frühen 1960er-Jahren Maßstäbe; Motorleistung und Fahreigenschaften sowieso. Die Giulia wird zum Urmeter für sportliche Limousinen und die DNA der Marke Alfa Romeo.

Der 6C 2500 Villa d'Este erhält seinen Namen als Hommage an die Auszeichnungen, die die Fahrzeuge der Marke regelmäßig bei dem renommierten Concorso d'Eleganza Villa d'Este erhielten. Auch dieses von Touring eingekleidete Modell trägt sich 1949 in die Siegerliste des Schönheitswettbewerbs ein, der damals durchaus den Stellenwert heutiger Automobilmessen genießt.

BELLA FIGURA – IN JEDEM SINNE

Alfa Romeo und Mode – zwei Begriffe, die untrennbar miteinander verknüpft sind. Oft definiert die Marke automobile Mode und wird zum Accessoire textilen Geschmacksempfindens. Bei diesem Foto von der Giulietta Sprint Speziale ist nicht klar, ob der gut gekleidete Signore das Fahrzeug schmückt oder umgekehrt …

MIT SICHEREM GESPÜR FÜR AUTOMOBILE MODE

Ende der 1960er-Jahre – wie hier an einem GT 1300 Junior mit »Kantenhaube« – macht Alfa Romeo Signaltöne salonfähig. Sie werden zur Modeerscheinung der 1970er-Jahre.

Dies ist einer der attraktivsten Arbeitsplätze für die dynamischen Lenkradartisten und stilbewussten Automobilisten der 1960er- und 1970er-Jahre. Holzlenkrad, eine Batterie von Zusatzinstrumenten, ein Schalthebel, der unmittelbaren Zugang zum Fünfganggetriebe verschafft, und sportliche Sitzschalen verkörpern den unverwechselbaren Stil der Marke.

UND IMMER WIEDER ATEM-
BERAUBENDE FORMEN ...

1953, 1954 und 1955 sorgt Bertone auf dem Turiner Salon für Aufsehen mit einer Reihe von Prototypen in zuvor nie da gewesener Form. BAT 5, BAT 7 und BAT 9 lauten die Bezeichnungen der auf dem Chassis des 1900 SS (mit vergleichsweise bescheidenen 115 PS) aufbauenden Salonlöwen. BAT steht für Berlinetta Aerodinamica Technica. Es könnte aber ebenso schlichtweg das englische Wort Fledermaus darstellen. Die spektakulären Flügel erinnern durchaus an diese radargesteuerten Nachtjäger. Tatsächlich durcheilen die Coupés dank ihrer ausgezeichneten Aerodynamik – der c_w-Wert des BAT 5 wird mit 0,19 ermittelt – die 200-km/h-Grenze.

Der 8C Competizione entfacht die pure Leidenschaft der Marke aufs Neue. Wenn der Achtzylinder-Bolide seine Bahn über Alpenpässe zieht, liegt der Vergleich mit einem Carvingski auf der Hand. Und er scheint feine Spuren zu ziehen, die sich für immer in die Festplatte des Betrachters einbrennen.

ALPENGLÜHEN UND DONNERGROLLEN

EIN JAHRHUNDERT VOLLER PASSION, FASZINATION UND EMOTION

LA STORIA DA 100 ANNI AR – VITA IN KURZFORM

Die Geschichte von Alfa Romeo beginnt in Portello, im Nordwesten Mailands. Hier lässt der französische Automobilbauer Alexandre Darracq 1906 ein modernes Automobilwerk errichten. Doch die dort produzierten Lizenzprodukte bewähren sich nicht auf dem italienischen Markt. So übernehmen schon bald Geschäftsleute aus der Lombardei das Werk und gründen die Società Anonima Lombarda Fabbrica Automobili, kurz A.L.F.A. Der Grundstein für die einzigartige, von Passion, Faszination und Emotion, von Erfolgen sowie wirtschaftlichen Höhen und Tiefen gezeichnete Geschichte des Hauses Alfa Romeo ist gelegt.

Der erste A.L.F.A. verlässt 1910 das Werk. Er stammt – wie die zunächst folgenden Modelle auch – aus der Feder des Konstrukteurs Giuseppe Merosi und hört auf die Bezeichnung 24 HP. 42 PS leistet der 4,1-Liter-Motor, der dem Wagen zu einer damals sensationellen Höchstgeschwindigkeit von über 100 km/h verhilft. Bereits ab 1911 untermauert A.L.F.A. seine Leistungsfähigkeit durch Motorsporterfolge. Doch trotz sportlicher Triumphe und ausgezeichnetem Image gestaltet sich die wirtschaftliche Lage des jungen Unternehmens – der damaligen politischen und gesamtwirtschaftlichen Lage entsprechend – besorgniserregend. Am Horizont ziehen die düsteren Wolken des Ersten Weltkrieges auf und machen Exportchancen mit einem Schlag zunichte. Die Personen- und Rennwagenproduktion weicht Rüstungsaufträgen. Dank der staatlichen Aufträge können die Werkzeug- und Lohnkosten abgefangen werden. Doch A.L.F.A. wird der Fehler zum Verhängnis, sich in Tiefzeiten nicht Darracqs Aktien gesichert zu haben. Der Franzose verkauft sein Aktienpaket an die Banca Italiana di Sconto, die dadurch die Aktienmehrheit an dem Mailänder Automobilunternehmen erlangt. Und die Bank meldet A.L.F.A. im September 1915 zum Konkurs an. Allerdings zeigt das 1914 gegründete *Institut zur Förderung und Finanzierung der italienischen Rüstungsindustrie* an der Gründung einer Firma mit dem Namen »Accomandita Ing. Nicola Romeo & Co.« Interesse. Am 2. Dezember 1915 übergibt die Bank die Verantwortung für das neue Unternehmen den Angestellten. Chef wird der aus Neapel stammende Ingenieur Nicola Romeo.

Groß ist das Unternehmen nicht, doch die gewinnbringende Rüstungsgüterproduktion ermöglicht der Firma nach Kriegsende die Rückumstellung auf die Produktion ziviler Fahrzeuge. Damit fällt 1919 der Startschuss für die erneute Produktion edler Kraftfahrzeuge, deren Wagen nun – um den exzellenten Ruf der A.L.F.A.-Automobile zu nutzen – auf den wohlklingenden Namen Alfa Romeo hören. Dank der zuvor erwirtschafteten Gewinne und des Wirtschaftswachstums der Nachkriegszeit gedeiht Alfa Romeo zu einem der führenden Fahrzeughersteller Italiens.

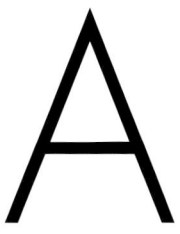

Alfa Romeo ist weiter auf allen wichtigen Rennstrecken vertreten. Der RL bewährt sich auf Straße und Piste. 1925 gewinnt Alfa Romeo die erste Weltmeisterschaft. Dem von Vittorio Jano entwickelten Grand-Prix-Boliden P2 folgen weitere, stets zur automobilen Avantgarde zählende Fahrzeuge, wie die legendären, verschiedenen 6C- und 8C-Modelle – und mit ihnen auch weitere Erfolge.

Neben den hochkarätigen Automobilen mit ihrer fortschrittlichen Technik befinden sich bald auch Traktoren, Lastkraftwagen, Omnibusse, Straßenwalzen, Elektro- und Dampflokomotiven, Eisenbahnwaggons, Baumaschinen und Triebwerke für Schiffe sowie Flugzeuge im Angebot der Firma, die inzwischen über weitere Fertigungsstellen in Saronno, Neapel, Triest und Rom verfügt. Der Börsenkrach am sogenannten Schwarzen Freitag anno 1929 treibt Alfa Romeo – wie unzählige andere Unternehmen auch – an den Rand des Ruins. Um Alfa Romeo am Leben zu erhalten, und damit den italienischen Markt nicht allein Fiat zu überlassen, wird das Unternehmen 1934 in die Finmeccanica-Gruppe eingegliedert. Diese befindet sich im Einfluss des *staatlichen Institutes für den industriellen Wiederaufbau Italiens* (Istituto di Ricostruzione Industriale, kurz IRI).

Zu den Neuheiten, die damals das Werk in Portello verlassen, gehören unter anderem der 6C 1900 und 6C 2300. Auch der 8C 2300 ist erst wenige Jahre auf dem Markt. Bis zum Zweiten Weltkrieg folgen ihnen auf Straße und Rennstrecke zahlreiche Varianten der äußerst erfolgreichen Sechs- und Achtzylinderwagen von 1500 cm³ bis 2900 cm³ Hubraum. Sie repräsentieren die Spitze des internationalen Fahrzeugbaus.

Dann gehen in Europa die Lichter aus. Und als der Krieg vorbei ist, heißt es erst einmal aufräumen. 1943 haben drei Bombenangriffe das Stammwerk zu 60 Prozent zerstört. Doch mit Aufräumen des Schutts keimt auch die Hoffnung. So helfen die 5000 Angestellten tatkräftig beim Wiederaufbau des Werks.

Als erste Automobile verlassen 1946 die überarbeiteten Wagen des Typs 6C 2500 das Werk. Aber mit dem Ende des Krieges steht auch die Automobilbranche vor einem Wandel. Die beginnende Massenmotorisierung bedingt den Wechsel von der Fahrzeugmanufaktur zum Serienhersteller. Statt der nun weniger gefragten, sehr teuren und aufwendigen Automobile fordert der Markt zunehmend kostengünstigere Fahrzeuge. Der Schlüssel dafür liegt eben in der Serienfer-

BEREITS DIE JUNGE TECHNIK VERMAG GROSSES ZU LEISTEN UND ERNTET HOHE ANERKENNUNG

tigung, und so vollzieht Alfa Romeo diesen Schritt zum Jahr 1950. Im Jahr des ersten Formel-1-Titelgewinns läuft der vierzylindrige Alfa Romeo 1900 vom Band. Der Wagen ist eine Sensation. Obgleich die Technik dem für Alfa Romeo gewohnt hohen Standard entspricht, erstaunt der Auftritt des Luxus-Produzenten im Mittelklassesegment nicht nur die Fachwelt. Die viertürige Limousine mit selbsttragender Karosserie in Pontonform bildet – der Tradition der Marke entsprechend – die Basis für verschiedene Coupé- und Cabrioletvarianten. Und als wäre es eine Selbstverständlichkeit, bewähren sich die neuen Modelle aus Mailand auch im Motorsport.

1954 erscheint mit der 1,3 Liter großen Giulietta der Alfa Romeo für den »kleinen Mann«. Die Erweiterung der Modellpalette nach unten erweist sich als richtig und die Giulietta als Volltreffer. Wieder gesellen sich zur Limousine Spider und Coupé. Vom Sprint genannten Coupé entstehen gar vier unterschiedlich karosserierte Versionen. Ganz nach Art des Hauses stammen die Linien für die bildschönen Wagen aus der Hand von namhaften Designern und Karosseriebauern wie beispielsweise Pinin Farina, Bertone und Zagato.

Der kräftig expandierenden Firma wird es in Portello zu eng. So ist der Bau eines neuen Werks in Arese beschlossene Sache. 1961 wird die neue Produktionsstätte am Rande Mailands bezogen. Damit wirft ein großes, geniales Auto seinen Schatten voraus. Mit Einführung der Giulia gelingt Alfa Romeo – auch auf den Exportmärkten – der Durchbruch. Sie gilt als weltweit erste Sportlimousine, wird zur Wegbereiterin für eine ganze Reihe erfolgreicher Fahrzeuge, die dem Prinzip des »Wolfs im Schafspelz« folgen. Die Giulia rollt von 1962 bis 1978 vom Band. Mit faszinierender Technik, Sportwagen ebenbürtigen Fahrleistungen, interessanter Optik und einem für die frühen 1960er-Jahre beispiellos niedrigen c_w-Wert von 0,34 wird die Giulia zum bezahlbaren Traumwagen.

Eine Klasse über der Giulia rangieren die Modelle der Baureihe 102/106, besser bekannt unter der Bezeichnung 2600. Formal orientieren sich die verschiedenen 2600 an den Modellen der zuvor produzierten Baureihe 2000. Doch unter den Hauben der ebenfalls als Limousine, Sprint und Spider erhältlichen Modelle arbeitet nun ein Reihensechszylinder-Motor und sorgt mit bis zu 145 PS für standesgemäßen Vortrieb. Als der langjährige Karosserielieferant Touring, von dem das Kleid des 2600 Spider stammt, seine Pforten schließen muss, ist das Ende der Baureihe eingeläutet.

Die auf der Giulia basierenden 1750 und 2000 Berlina stehen schon in den Startlöchern. Mit Erscheinen der Berlina halten die leistungsstarken Aluminiummotoren mit ihren zwei oben liegenden Nockenwellen auch im bereits 1966 vorgestellten Spider und dem erstmals 1963 gebauten Giulia Sprint GT – mit Spitznamen »Bertone« – Einzug. Sowohl der Spider als auch das Coupé erfreuen sich größter Beliebtheit. Der »Bertone« bleibt 13 Jahre in Produktion und erringt in der GTA bezeichneten Leichtbauversion zahllose Meistertitel. Der bei Pininfarina entworfene und produzierte Spider läuft in seinen vier optisch nur leicht unterschiedlichen Versionen gar 27 Jahre lang vom Band.

IMMER WIEDER VERSTEHT ES ALFA ROMEO NEUE ZIELGRUPPEN ZU ERSCHLIESSEN

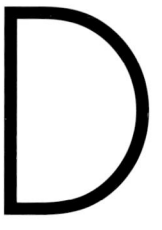

Die 1970er-Jahre beginnen mit drei Sensationen aus dem Hause Alfa Romeo: Es erscheint der spektakuläre V8-Sportwagen Montreal, dessen Form aus der Hand des Bertone-Zeichners Marcello Gandini stammt (wie beispielsweise auch der einzigartige Lamborghini Countach). Zudem wird mit der Alfetta eine neue Limousinengeneration präsentiert, deren Antriebstechnik auf die des gleichnamigen Formel-1-Renners zurückgeht. Die Transaxle-Bauweise – Motor vorn, Getriebe hinten – ist Architektur und Basis für viele folgende Modelle bis hin zum Roadster RZ. Und die größte Attraktion hört auf den Namen Alfasud. Dabei handelt es sich um ein vollkommen neues, wegweisendes Fahrzeug. Für die Fertigung des kompakten Alfa entsteht in Pomigliano d'Arco, nahe Neapel, ein neues Werk. Mit seinem Frontantrieb, großen Innenraum und dem kompakten Schrägheck bildet er den Grundstein für eine neue, bis heute extrem bedeutende Fahrzeugklasse. Die zeitlos schöne Karosserie stammt von Ex-Bertone-Chefdesigner Giorgetto Giugiaro, der mit dem Entwurf des »Sud« den Boden für seine Firma Ital Design bereitet.

Der Alfasud verkauft sich gut. Dennoch beginnen für Alfa Romeo mit dem fortschrittlichen Fronttriebler sorgenvolle Zeiten. Trotz des dynamischen Boxermotors, bester Straßenlage und ansprechendem Äußeren kann die vielversprechende Konstruktion nicht in wirtschaftlichen Erfolg umgemünzt werden. Zu groß ist die Belastung der politischen Konflikte, der fortwährenden Streiks und der Interventionen der Geldgeber aus Rom. Nicht zuletzt daraus resultieren gravierende Korrosionsprobleme. Und so legt sich die »braune Pest« alsbald auch wie ein Schleier auf das bis dato blendende Image der sportlichen und erfolgreichen Marke.

In der ersten Hälfte der 1980er-Jahre besteht das Programm aus Spider, Alfasud, Alfasud Sprint und den auf dem Transaxle-Baukasten der Alfetta basierenden Modelle Giulietta, Alfetta, Alfetta GT sowie dem Alfa 6. 1983 löst der Alfa 33 den Alfasud ab. Zwölf Jahre bleibt der zwischenzeitlich gründlich überarbeitete Alfa 33 im Programm. Die Bandbreite des erfolgreichen Kompaktwagens reicht vom 1300er mit

75 PS bis hin zum 16-Ventiler mit 129 PS. Neben der fünftürigen Limousine gibt es ab 1984 auch eine anfangs als Giardinetta, später unter der Bezeichnung Sportwagon angebotene Kombi-Version. Rechtzeitig zum 75-jährigen Firmenjubiläum erscheint 1985 der Alfa 75 in den Schaufenstern der Händler. Seine Keilform ist die Fortsetzung des optischen Auftritts der »Nuova Giulietta«. Er wird zum letzten Alfa Romeo, der in dem mittlerweile arg gebeutelten Staatsunternehmen entsteht. Die Übergabe des Unternehmens in private Hand ist dringend notwenig. Nach 52 Jahren unter staatlicher Obhut wird Alfa Romeo 1986 in den Fiat-Konzern eingliedert. Um die Öffentlichkeit von der Leistungsfähigkeit des neuen Unternehmens zu überzeugen, entsteht der auf 1000 Exemplare limitierte Sportwagen SZ. Die eigenständige Optik und unnachahmliche Straßenlage machen den Wagen zu einem Aushängeschild. Für Alfa Romeo bedeutungsvoller ist allerdings das Erscheinen der neuen großen Limousine. Dank neuer Möglichkeiten und finanziell gestärktem Rücken erwacht Alfa Romeo mit dem 1987 auf dem Markt erscheinenden Alfa 164 zu neuem Leben. Er ist das Produkt einer Entwicklungsgemeinschaft mit dem Fiat-Konzern und Saab. Das Konzept der Kooperation verschiedener Fahrzeughersteller erweist sich als vorausschauend und für Mitbewerber als nachahmenswert. Im großen Gefüge des Fiat-Konzerns bleibt so bei wettbewerbsfähigen Preisen Freiraum für weiterhin markentypische Alfa Romeo. Diesem Vorbild folgend gelingt es dem Fiat-Konzern bis heute bei intensiver Nutzung von Synergien immer wieder, eigenständige Alfa Romeo-Modelle zu entwickeln. Ein Beispiel dafür ist der Alfa 155, dessen Architektur nicht nur bei den Alfa-Modellen 145 und 146 beziehungsweise Spider und GTV zu finden ist, sondern der auch die Basis für weitere Modelle der Marken Fiat und Lancia bildet.

Während der neue, jetzt ebenfalls frontgetriebene Spider eine Roadster-Renaissance einläutet, überträgt der 166 den sportlich italienischen Stil in die automobile Oberklasse. Der dynamische 156 tritt praktisch in die Fußstapfen der Giulia. Er verhilft der Marke zu neuer Popularität. Gemeinsam mit dem lifestyle-betonten Sportwagon und dem kernigen GTA blickt Alfa Romeo wieder selbstbewusst hohen Absatzzahlen entgegen. Der 2002 vorgestellte Alfa 147 setzt diese Entwicklung fort. Mit dem GT wird

FIAT VERSTEHT ES, DEN ZAUBER DER MARKE ZU PFLEGEN UND ZU HEGEN

ihm ein formal nicht von ungefähr an den Giulietta Sprint erinnerndes Coupé zur Seite gestellt. Und das, obwohl bereits ein anderes Coupé seine Schatten vorauswirft: der Brera. Als Giugiaro-Studie geboren und auf Messen hoch gefeiert, dient dieser Entwurf als formale Blaupause für eine ganze Modellpalette: den Alfa 159, 159 Sportwagon, Spider und Brera. Anders als die Studie muss der Brera jedoch auf die von Maserati und Ferrari stammende Technik verzichten. In diese Rolle schlüpfen die aufsehenerregenden Sportwagen 8C Competizione und 8C Spider.

Am anderen Ende der Modellpalette rangiert der Alfa MiTo. Mit dem kompakten Dreitürer folgt die Marke dem von BMW erfolgreich mit dem MINI beschrittenen Weg und erschließt sich unterhalb des Alfa 147 den Zugang in eine neue Fahrzeugklasse. Und mit der Giulietta, dem 2010 vorgestellten Nachfolger des Alfa 147, macht sich das Haus eines der wichtigsten und schönsten Geburtstagsgeschenke selbst.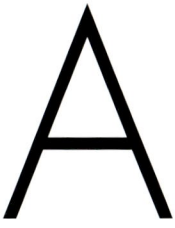

DER BLICK ZURÜCK NACH VORN

Auf der Teststrecke von Balocco blickt Ignazio Giunti aus dem 1967 erscheinenden Tipo 33. Der hoch thronende Ansaugstutzen gibt diesem frühen Modell seinen Spitznamen »Periscopa«. Eigentlich hat der Rennfahrer allen Grund nach vorn zu blicken; schließlich werden verschiedene Generationen des Tipo 33 bis 1978 zahlreiche internationale Siege einfahren. Auch zwei WM-Titel (1975 und 1977) gehören dazu.

SPORT IM HERZEN

Enzo Ferrari hat noch seine Finger im Spiel, als Giacomo Colombo die Alfetta aug Kiel legt. Nach dem Krieg braucht Ferrari zwei Jahre, um einen ersten Formel-1-Sieg gegen die mit zwei WM-Titeln gekrönten Vorkriegskonkurrenten zu erzielen. Die Marke hat oft in verschiedenen Kategorien dominiert. Der Alfa 158/159 gewinnt 47 Rennen bei 54 Starts.

RENNHISTORIE

Seit jeher nähren grandiose Sporterfolge den Mythos dieser Marke. Und wie Leuchttürme strahlen einzelne Erfolgsserien und Modelle in einem an Glanzlichtern reichen Lichtermeer. In jüngerer Vergangenheit hat der Alfa 156 die Marke – wie auch bei den Serienfahrzeugen – auch in sportlicher Hinsicht wieder zum Glänzen gebracht. In den acht Rennjahren von 2000 bis 2007 werden die verschiedenen Versionen des zweilitrigen Superturismo 156 nicht weniger als 56-mal als Sieger der WM- und EM-Läufe abgewinkt. Fabrizio Giovanardi wird viermal in Folge Champion der Euro-STC beziehungsweise Tourenwagen-Europameisterschaft und knüpft damit an die große Tourenwagentradition der Marke an und setzt ihre einzigartige Motorsportgeschichte fort.

Motorsport ist Teil der Alfa-Romeo-DNA von Anfang an. Bereits 1911 taucht die Marke erstmals in den Ergebnislisten verschiedener Rennveranstaltungen auf, vornehmlich an erster Stelle. Und für viele Jahrzehnte gibt es kaum ein Rennen, das ohne einen Alfa Romeo stattfindet. Unzählige Siege werden von bekannten und weniger bekannten Rennfahrern aus aller Welt errungen. So verbinden sich große Siege und die Namen großer Fahrer mit dem Wohlklang des Namens Alfa Romeo.

Von den Anfängen bis in die später als »golden« bezeichneten 1920er-Jahre fällt vornehmlich der A.L.F.A. 40/60 HP mit seinem über 6 Liter großen Vierzylinder-Motor auf. Bei den damals staubigen Berg- und Rundstreckenrennen werden diese Boliden von Dompteuren wie Franchini und Campari gebändigt. Auch Enzo Ferrari und Ugo Sivocci sind in dieser Zeit auf Alfa Romeo erfolgreich. Enzo Ferrari beispielsweise beendet die Targa Florio 1920 mit dem kleineren 20/30 HP als Zweiter. 1923 treten Ascari, Sivocci und Masetti mit dem RL in die Fußstapfen der erfolgreichen Vorgängertypen. Im Jahr darauf erscheint der legendäre P2 auf der Bildfläche. Mit diesem Boliden gewinnt der Conte Brilli Peri 1925 die erste Weltmeisterschaft für Alfa Romeo. Die Marke trägt diesen Erfolg fortan mit Stolz zur Schau: Das symbolträchtige Markenzeichen schmückt sich nun mit einem goldenen Lorbeerkranz.

Den erfolgreichen Fahrzeugen des Konstrukteurs Merosi folgen die noch erfolgreicheren Konstruktionen Vittorio Janos. Enzo Ferrari lockt den Techniker von Turin nach Mailand; für Alfa Romeo verlässt Jano die Fabrica Italiana di Automobili Torino, kurzum: Fiat. Bis zum Zweiten Weltkrieg sind seine Sechs- und Achtzylinder-Rennwagen (6C, 8C und Tipo B »P3«) das Nonplusultra im Motorsport. Fahrer wie Nuvolari, Varzi, Chiron, Fagioli und Carraciola erlangen mithilfe dieser Wagen Weltruhm. Selbst gegen die übermächtigen Werksabordnungen aus Hitler-Deutschland können die schwächeren Alfa Romeo auf dem Nürburgring, bei Bergrennen und auf der Berliner AVUS gewinnen. Von 1929 bis 1939 ist übrigens kein Geringerer als Enzo Ferrari Leiter des Werksrennstalls *Alfa Corse*.

1938 kurz vor Kriegsausbruch, bestaunt die Fachwelt einen weiteren technischen Geniestreich: den 1,5-Liter-Monoposto Tipo 158, den kleinen Alfa, die »Alfetta«. Biondetti, Villoresi und Farina stellen das Potenzial des Transaxle-Wagens – bei dem das Getriebe aus Gründen der besseren Gewichtsverteilung zusammen mit dem Differenzial an der Hinterachse platziert ist – bis 1940 siegreich unter Beweis. Dann verstummen die Motoren und in Europa gehen die Lichter aus. 1947, als der Krieg vorbei und das Gröbste aufgeräumt ist, tritt Alfa Romeo wieder auf den Pisten Europas an. Die Alfetta entpuppt sich als dermaßen überlegene Konstruktion, dass sie – nun mit doppelter Kompressoraufladung – die frischausgeschriebene Formel-1-Weltmeisterschaft für sich entscheiden kann. 1950 erringt Dr. Giuseppe »Nino« Farina den begehrten Titel und im Folgejahr markiert der WM-Gewinn von Juan Manuel Fangio den Beginn seiner erfolgreichen, mit fünf Titeln gekrönten Erfolgsserie.

Nach dem zweiten Formel-1-Titel verliert das Werk das Interesse an Grand Prix-Fahrzeugen und wendet sich Prototypen zu, wie dem 1952 erscheinenden Disco Volante und 6C 3000. Sie entstehen für Sportwagenrennen wie beispielsweise die Mille Miglia. Aber auch die Serienfahrzeuge eignen sich hervorragend zum Sporteinsatz: Der 1950 vorgestellte Alfa Romeo 1900 ist bei Rallyes und Rennen gleichermaßen erfolgreich. So gehört unter anderem die Carrera Panamericana zu den Veranstaltungen, bei denen das erste am Fließband gefertigte Automobil aus Portello zu glänzen vermag.

Wirtschaftswunder und Aufschwung gehen einher mit dem Beginn der Massenmotorisierung. Das Automobil wird auch für größere Käuferschichten erschwinglich und der Kreis der Amateur-Motorsportler wächst beständig. Im Modellprogramm von Alfa Romeo ist es die Giulietta, die ein attraktives Sportgerät mit akzeptablem Preis darstellt. Und so finden sich fast alle Modellvarianten dieser Baureihe auch in den Starterfeldern von Rennen und Rallyes wieder. Als schärfste Geräte erweisen sich dabei die leichten Sprint-Versionen, speziell im knappen Alukleid der Carrozzeria Zagato. In der zweiten Hälfte der 1950er- und Anfang der 1960er-Jahre sind die Giulietta SVZ und SZ praktisch auf Spitzenplätze abonniert.

So darf der Mailänder Karosserier auch maßgeblich an der Entwicklung der Nachfolgerin mitwirken. Die Giulietta – auf der Straße inzwischen durch die Giulia abgelöst – macht auch auf der Piste der großen Schwester Giulia Platz. Mit 1,6 Liter Hubraum und einer über einen Gitterrohrrahmen gestülpten Aluminiumhaut entsteht die rassige Giulia TZ. Allerdings erwächst dem Sportwagen schon bald Konkurrenz aus den eigenen Reihen. Mit Homologation des GTA, einer Rennversion des Giulia Sprint GT, gelingt den Mailändern ein weiterer großer Wurf. Von Beginn an erringen die Fahrer dieser Wagen neben schier unzähligen Siegen und vielen nationalen Titeln auch sieben EM-Titel. Eine ganze Rennfahrergeneration wird mit dem Aluminium-Coupé groß: Stommelen, Rindt, de Adamich, Ertl, Guinti und Hezemans sind nur einige der Namen, die aus dieser Zeit in Erinnerung bleiben.

Autodelta heißt der Absender der Werkswagen, die ab 1965 auf den Pisten Europas und Nordamerikas eingesetzt werden. »Grande Capo« des in Settimo Milanese ansässigen Werksteams ist Carlo Chiti. Während seiner lang anhaltenden Erfolgssträhne erfährt der GTA mit Doppelzündung (später als Twin-Spark wiederbelebt) zahlreiche technische Weiterentwicklungen. Der GTAm – »m« steht für maggiorata und bedeutet »erweitert« – dokumentiert diese Evolution.

Als würden die Tourenwagenerfolge Alfa Romeo langweilen, beginnen die Mailänder parallel mit der Entwicklung eines Prototypen für Sportwagenrennen. Der Tipo 33 feiert seine Premiere 1967. Mit seinem Mittelmotor ist er Vertreter für ein neues Fahrzeugkonzept, das seit geraumer Zeit im Formel-Sport das Maß der Dinge darstellt. Berg- und Rundstreckenrennen, aber auch Veranstaltungen wie die sizilianische Targa Florio, sind das Betätigungsfeld für die Sport-Prototypen. Neben den bereits mit dem GTA vertrauten Piloten sitzen Fahrer wie Marko, Pescarolo, Peterson, Vaccarella, Ickx, Andretti, Bell, Mass und Reutemann erfolgreich am Volant des Tipo 33. 1975 und 1977 wird Alfa Romeo mit den Mittelmotorkeilen Marken- und Sportwagen-Weltmeister. Auch 1978 können die Boliden erneut fast alle Rennen für sich entscheiden, doch die Weltmeisterschaft wird für Fahrzeuge einer anderen Klasse ausgeschrieben.

Inzwischen hat Alfa Romeo allerdings ein neues Betätigungsfeld gefunden: 1977 meldet sich Alfa mit einem zweiten Platz beim Großen Preis von Argentinien in die Formel 1 zurück. Bis in die 1980er-Jahre bleibt Alfa Romeo in der Königsklasse des Motorsports. Alfa Romeo tritt sowohl mit einem eigenen Team als auch als Motorenlieferant für Brabham, Osella und Benetton auf. Piloten wie Lauda, Piquet, Pace, Patrese, Stuck, Cheever und de Cesaris sitzen in den Alfa-befeuerten Monoposti. Den absoluten Durchbruch schafft Alfa Romeo indes nicht. Den erlangen die Alfisti jedoch in der Spitzenklasse des Rennfahrer-Nachwuchses – der Formel 3.

Alboreto, Wendlinger, Ghinzani, Fabi, Ferté und Larini sind nur wenige der später erfolgreichen Rennfahrer, die mit Alfa-Romeo-Motorenpower ihre Karriere siegreich beginnen. Neben vielen nationalen Formel-3-Titeln stehen auch neun gewonnene Europa-Meisterschaften auf der Haben-Seite der Bilanz. Nachwuchsförderung wird in jener Zeit bei Alfa Romeo großgeschrieben: Gezielt werden junge Talente an den Motorsport herangeführt und mithilfe der Mailänder in verschiedenen Rennserien ausgebildet. Ende der 1980er-Jahre bildet die Formula-Boxer die Basis dieses Nachwuchskonzepts. Hinter der Formula-Boxer steckt die Idee des Markenpokals. Er bildet einen weiteren Stein im bunten Motorsport-Mosaik der Marke. Am Ausgang der 1970er-Jahre wird diese Idee mit dem Alfasud-Pokal verwirklicht und mausert sich in den 1980er-Jahren bis zur Europameisterschaft. Gefahren werden die Rundstrecken- und Eisrennen mit dem 1,3 Liter großen Alfasud und dem Alfasud Sprint 1,5. Zu den bekanntesten Sud-Pokal-Streitern gehört Gerhard Berger.

Als Anfang der 1980er-Jahre der Tourenwagensport seine Renaissance erlebt, ist auch Alfa Romeo mit von der Partie. Der Alfetta GTV 6 erweist sich dafür als das passende Fahrzeug. Von 1982 bis 1985 gewinnen die 2,5-Liter-V6-Coupés, neben der französischen Meisterschaft, vier Tourenwagen-EM-Titel. Gefahren werden die temperamentvollen Sechszylinder unter anderem von Lella Lombardi, Giorgio Francia und Gianfranco Brancatelli. Ebenso in der seit 1984 existierenden DTM schlägt sich der GTV achtbar. Und auch auf Rallyepfaden vermögen Alfetta GT und GTV6 zu glänzen. 1984 beispielsweise führt der Weg zum Rallyetitel in Italien nicht an ihm vorbei.

Parallel zum mittlerweile als Weltmeisterschaft ausgetragenen Tourenwagensport ist das Haus in den amerikanischen Indy-CART-Series aktiv. Es ist indes nicht die erste Teilnahme an den berühmten 500 Meilen von Indianapolis: Bereits zwischen 1937 und 1948 waren die Mailänder im »Nudeltopf« vertreten.

Von 1993 bis 1996 geht Alfa Romeo in DTM/ITC an den Start. Der nach dem High-Tech-Reglement der FIA-Klasse 1 aufgebaute Alfa Romeo 155 V6 TI erweist sich als das Auto, das es zu schlagen gilt. Parallel zu den Einsätzen mit den Klasse-1-Tourenwagen der DTM sammelt Alfa Romeo mit dem nach Klasse-2-Regelwerk präparierten Alfa 155 mit Zweiliter-Vierzylinder Siege und Meisterschaftstitel, beispielsweise auch in der zu jener Zeit heiß umkämpften und extrem anspruchsvollen Britischen Tourenwagen Meisterschaft BTCC. So wird der Alfa 155 zum erfolgreichsten Renntourenwagen der Neuzeit und zum Wegbereiter für die Siege und Titel des Alfa 156.

ALFA ROMEO BRILLIERT IN ALLEN DISZIPLINEN. IM TOURENWAGENSPORT IST DIE MARKE IMMER WIEDER EINE BANK

Insgesamt acht Titel in der Tourenwagen-Europa- beziehungsweise Weltmeisterschaft gehen zwischen 2000 und 2003 auf das Konto des 300 PS starken Alfa 156 im Superturismo-Trimm, der damit die Tradition von GTA, Alfetta GTV und Alfa 155 fortsetzt.

DAS FUNDAMENT

24 HP
12 HP
15-20
20-30
40-60

Der A.L.F.A. 24 HP von 1910 legt den Grundstein der sportlichen Marke, kleinere Modelle wie der 20-30 sorgen für wirtschaftlichen Erfolg. Baumeister der frühen Tage ist Giuseppe Merosi, ein ehemaliger Landvermesser, der sich als automobiles Genie erweist.

Sagenhafte 100 Kilometer pro Stunde läuft das gerade mal eine Tonne wiegende Premierenwerk der am 24. Juni 1910 gegründeten Anonima Lombarda Fabbrica Automobili (A.L.F.A.). Hinter dem von großen Messingleuchten eingerahmten Kühler des 24 HP arbeitet ein kompakt bauender, 42 PS starker Reihen-Vierzylinder mit 4082 cm³ Hubraum und einem Verdichtungsverhältnis von 4,15:1. Seine Kraft überträgt er über ein Vierganggetriebe erstmals über eine Kardanwelle auf die starre, typischerweise blattgefederte Hinterachse. Ebenfalls neu ist die Zwangsschmierung des Motors – gehobene Kraftfahrzeugtechnik aus der Gründerzeit. Das Modell ist als Doppel-Phaeton beziehungsweise »Torpedo« (offener, luxuriöser Viersitzer) wie auch als Limousine erhältlich und erweist sich als Erfolg. Und das als zuverlässiges, sportliches Fahrzeug für den alltäglichen Gebrauch im öffentlichen Straßenverkehr wie auch im Renneinsatz.

Für den Renneinsatz wird das Fahrzeug auf 870 Kilogramm abgespeckt. Das Chassis trägt nur noch Kühler, einen um drei PS erstarkten Motor, Getriebe, zwei kübelförmige Sitze, Tank und Reservereifen. Ort der Premiere ist die Targa Florio anno 1911. Noch ist das älteste Rundstreckenrennen der Welt nicht sagenumwoben, doch Abenteuer und Bewährungsprobe für die Fahrer und Fahrzeuge ist das Rennen auf Sizilien allemal.

Cavaliere Giuseppe Mersi mit Familie am Steuer eines 24 HP Torpedo von 1910.

1911 empfiehlt sich der kompaktere A.L.F.A. 12 HP (hier ein 15 HP) mit einem Sieg bei einer 1500 km langen Ausdauerfahrt in Modena.

Bis 1922 werden rund 800 Modelle der Baureihe 24 HP und seiner auf bis zu 67 PS (20-30 ES Sport) erstarkten und bis zu 130 km/h schnellen Nachfolger der Baureihe 20-30 HP produziert. Bei den letzten Modellen ersetzt eine Steuerkette die zuvor verwendeten Zahnräder für den Ventiltrieb. Bei dem eigens für Sporteinsätze entwickelten 20-30 ES Sport handelt es sich praktisch um ein erstes Kundensportfahrzeug. Und um ein erfolgreiches obendrein: Insgesamt verlassen 124 Stück die Hallen im Norden Mailands.

Die Bezeichnung ist eine damals übliche, nach Steuer-PS aufgeschlüsselte Nomenklatur. Unterhalb der Baureihe mit den über vier Liter großen Vierzylindern sind der 12 HP (und später die Modelle 15 HP beziehungsweise 15-20 HP) positioniert. Konstruktiv ähneln sie ihren großen Geschwistern und verfügen ebenfalls über einen Vierzylindermotor, allerdings weniger kompliziert aufgebaut und mit einem Hubraum von nur 2413 cm³. Das Aggregat mobilisiert anfangs 22, später 25 beziehungsweise gar 28 PS. Doch das reicht, um die 920 Kilo leichten Fahrzeuge sportlich zu motorisieren und eine Höchstgeschwindigkeit von 90 km/h zu erzielen. Mit den ab 1914 ausgelieferten 28 PS ist dann sogar Tempo 100 möglich. Der kleine 12 HP erscheint ebenfalls bereits 1910. Auch das Fahrwerk orientiert sich an dem seiner größeren Brüder. Bei der Kraftübertragung stehen den Fahrern indes nur drei Gänge zur Verfügung. Und mit dem 28 PS starken Modell wird eine Mehrscheiben-Kupplung notwendig. Bis 1915 verlassen rund 330 dieser kompakteren Vierzylinder die Werkshallen in Portello. Zahlreiche von ihnen werden gern bei Rennen an den Start gebracht und legen das Fundament für die bis heute währenden sportlichen Erfolge der Mailänder Marke.

Da die Geschäfte florieren und die Anonima Lombarda Fabbrica Automobili unter Fachleuten einen exzellenten Ruf genießt, wird bereits zwei Jahre nach Firmengründung die Entwicklung und Fertigung einer weiteren Baureihe beschlossen. Der große A.L.F.A. hört auf die Bezeichnung 40-60 HP und bleibt äußerst betuchten und sportbegeisterten Kunden vorbehalten. 1913 erscheint das Spitzenmodell der ersten Vorkriegsepoche. Auch er besitzt vier Zylinder im gusseisernen Block. Allerdings verfügt er mit 6082 cm³ über einen beachtlichen Hubraum, der anfangs 70, später 73 und 82 Pferdestärken auf die Kurbelwelle stemmt. Zu den technischen Leckerbissen zählen die über zwei, allerdings noch unten liegende, Nockenwellen betätigten hängenden Ventile. Wie damals üblich zeichnen verschiedene Karosseriebauer für die Einkleidung des bei Alfa Romeo gefertigten fahrbereiten Fahrgestells verantwortlich. Der bekannteste der insgesamt rund 27 bis 1915 gebauten 40-60 HP ist der tropfenförmige »Aerodinamica«. Dieses erste stromlinienförmige Automobil geht auf den Wunsch des Conte Marco Ricotta zurück, der 1914 einen 40-60 HP bei Castagna mit dieser extravaganten Karosserie versehen lässt. Tatsächlich beschleunigt das mit leichtem Aluminium verkleidete Fahrzeug dank seiner guten aerodynamischen Eigenschaften auf beachtliche 139 km/h (statt serienmäßiger 110 km/h). Doch im Alltagsbetrieb erweist sich der zugleich erste »Van« als unpraktisch: Die Sicht ist eingeschränkt und – noch viel lästiger – unter dem Blechkleid ist es wegen des ebenfalls überbauten Motors unerträglich laut und heiß. So wird der »Siluro« nach nur wenigen Monaten kurzerhand seines Dachs beraubt. Als offener »Tourer« macht die innovative Karosserie allerdings keinen Sinn. Die Rennversion des 40-60 HP, der Tipo Corsa, wird bis zum Erscheinen des RL (1922) eingesetzt und aufgebaut. ✿

DIE ANONIMA LOMBARDA FABBRICA AUTOMOBILI GENIESST VON ANFANG AN EINEN EXZELLENTEN RUF

In frühen Jahren sind manche Fahrzeuge – wie dieser 20-30 – eher rudimentär karossiert. Die unten liegende Nockenwelle des Vierzylinders wird über eine Kette angetrieben.

Ein 24 HP mit spartanischer Sportkarosserie – allerdings viersitzig, wie es das Reglement verschiedener Ausdauerfahrten vorschreibt.

Ein 20-30 ES (links) und 40-60 der Werksabordnung bei der Targa Florio 1920. Am Steuer des 20-30 sitzt der Zweitplatzierte Enzo Ferrari.

GLANZ UND GLORIA

G 1
R L
R M

Flugs genießen die Fahrzeuge aus Portello einen hervorragenden Ruf. Sie bewähren sich im Sporteinsatz und üben auf die zugleich äußerst wohlhabende wie auch dem Fortschritt aufgeschlossene Zielgruppe eine starke Anziehungskraft aus. Dementsprechend schnell beschließt A.L.F.A. den raschen Ausbau der Modellpalette. Der sechszylindrige G1 soll das luxuriöse Marktsegment erschließen, und mit dem RL will das Haus einen festen Platz auf der Siegerseite erobern.

Zielt der 40-60 HP noch direkt auf das Sportlerherz, so präsentiert A.L.F.A. 1920 mit dem ebenfalls von Merosi entwickelten G1 (Serie G) ein ganz und gar repräsentatives Fahrzeug. Der gegenüber dem 20 HP fast doppelt so teure Wagen verfügt – von einigen wenigen als Sportwagen karossierten Fahrzeugen abgesehen – über ein majestätisch gediegenes Äußeres und über eine komfortable Fahrwerksauslegung. Die vordere Starrachse stellt keine Besonderheit dar, die hintere, an Doppelauslegerfedern geführte Starrachse dagegen sehr wohl. Unter der Haube findet der erste Sechszylinder des Hauses Platz. Anfangs leistet das 6597 cm³ große Triebwerk bei 1750 U/min 65 PS. Später wird der Hubraum auf 6330 cm³ reduziert, die Nenndrehzahl jedoch auf 2100 U/min und die Leistung damit auf 70 Pferdestärken angehoben. Damit beschleunigt der G1 auf bis zu 120 km/h. Enzo Ferrari, Anfang der 1920er-Jahre als Test- und Rennfahrer für die Mailänder Marke unterwegs, wittert im G1 gar sportliche Qualitäten. Doch das soll der spätere Alfa-Rennleiter und Gründer der Scude-

Dieser G1 mit repräsentativem Coupé-de-Ville-Aufbau der Carrozzeria Bollani wird auf der London Motor Show 1921 gezeigt.

Ugo Sivocci holt bei der Targa Florio 1923 mit einem RL TF den ersten von nicht weniger als zehn Gesamtsiegen bei dem sizilianischen Straßenrennenklassiker.

ria Ferrari gar nicht erst ausprobieren können. Das kostspielige Fahrzeug mag nicht so ganz ins Marktumfeld passen. Die frühen 1920er-Jahre sind im Nachkriegsitalien – wie überall sonst auf der Welt – geprägt von der Wirtschaftskrise. Und neben dem Anschaffungspreis fallen auch Verbrauch und Hubraum schlichtweg eine Spur zu hoch beziehungsweise zu groß aus. So werden lediglich 52 Fahrzeuge gefertigt, und der ursprünglich geplante Nachfolger G2 wird wegen der hohen Steuern, mit denen Fahrzeuge dieser Klasse in Italien fortan bedacht werden, erst gar nicht zur Serienreife entwickelt.

Ein großer Erfolg sind dagegen die verschiedenen Modelle der Baureihe RL und RM. Mit diesem sportlichen Wagen schärft die Marke die Tugenden, die im Laufe ihrer 100-jährigen Geschichte typisch für Alfa Romeo werden sollen. Vor allem der RL – und seine sportlichsten Ableger, wie der RLSS (Super Sport) – verkörpern die innovative Sportlichkeit, die die Marke prägt. Zu den herausragenden technischen Innovationen zählen bei diesem sportlichen Sechszylinder mit oben liegenden Nockenwellen und hängend angeordneten Ventilen unter anderem die nun auch an der Vorderachse montierten Bremsen. Zwischen 1922 und 1927 wird der RL als Normale (mit 56 PS und in 1315 Exemplaren), Tourismo (61 PS, 387 Exemplare), Sport und Super Sport (71 und 83 PS, 537 und 392 Exemplare) produziert. Für den Start bei der Targa Florio entstehen zehn Rennwagen mit Hubräumen zwischen 2994 und 3620 cm³ und einem Leistungsvermögen von 88 bis 125 PS. Sicherheitshalber ist der Ölkreislauf mit 14 Litern des damals ebenfalls als Verbrauchsmittel geführten Schmierstoffs gefüllt.

Seinen ewigen Platz im Stammbaum hat sich der RL mit dem ersten von insgesamt zehn Alfa-Gesamtsiegen bei der Targa Florio verdient. Dieser datiert aus dem Jahre 1923 und liegt in den Händen von Ugo Sivocci. Auf den Haubenflügeln des RL prangt jeweils ein weißes Dreieck mit vierblättrigem Kleeblatt, den Quadrivoglio Verde. Diese Glücksbringer werden fortan zum Symbol, das die sportlichsten Modelle ziert – wie beispielsweise auch den jüngst vorgestellten MiTo 1.4 TB 16V MultiAir QV. Hinter dieser auf den ersten Blick kryptischen Nomenklatur verbirgt sich ein 1,4 Liter großer 16-Ventil-Turbomotor mit der innovativen vollvariablen Ventilsteuerung Multiair und temperamentvollen 170 PS. Der sportlich-elegante Auftritt ist selbstverständlich inklusive.

Bei dem RM handelt es sich um einen Vierzylinder, der unterhalb des RL angeboten wird und von den Carrozziere in erster Linie für den Straßenverkehr eingekleidet wird – wie beim G1 auch mit Coupé-de-Ville-Aufbauten, bei denen die Passagiere im geschützten Fond sitzen, der Chauffeur hingegen unter freiem Himmel. Motor und Rahmen basieren auf dem des größeren Bruders. Insgesamt entstehen zwischen 1923 und 1925 lediglich 500 des 40 beziehungsweise 44 und 48 PS starken Alfa Romeo. Gerade einmal drei Exemplare entstehen 1923 vom 180 km/h schnellen Gran Premio P1 mit knapp zwei Litern Hubraum. Wie bereits bei seinem 4,5 Liter großen Vorgänger von 1914 kann auch dieser Grand-Prix-Rennwagen mit wegweisenden Innovationen aufwarten. Beim Fahrzeug von 1913 sind das zwei oben liegende Nockenwellen, vier Ventile pro Zylinder, dachförmige Brennräume und – zur besseren Verbrennung – Doppelzündung mit zwei Zündkerzen pro Zylinder. Im P1 kommt dann erstmalig ein Roots-Kompressor zum Einsatz, der die Motorleistung von 95 auf 115 PS und damit um gut 20 Prozent anhebt. Diese leistungsteigernden Gebläse werden in den späten 1920er- und in den 1930er-Jahren zum Standardbauteil für leistungsstarke Sport- und Rennwagen.

So steht die Marke in den frühen 1920er-Jahren an einer Weiche, deren Wege in Richtung Sport und Luxus weisen. Das Herz schlägt eindeutig in Richtung Sport. Und der Marke gelingt es wie nur wenigen anderen, diese Neigung tief in seiner DNA zu verwurzeln. ✧

MIT DEM RL UND DEM SIEG BEI DER TARGA FLORIO ERSCHEINT DAS QUADRIFOGLIO – DAS VIERBLÄTTRIGE KLEEBLATT

Der RL ist mit verschiedenen Aufbauten erhältlich. Die Palette reicht vom Rennwagen bis zum kettengetriebenen Traktor. Die Typenbezeichnungen reichen von Normale über Turismo, Sport und Super Sport bis zum TF (Targa Florio). Dieser ist als Chauffeurslimousine (Coupé de Ville) karossiert.

8C 2300

Der Sechszylinder wird zu einem Jahrzehnte überspannenden Erfolgsmodell. Die aus Mitte der 1920er-Jahre datierende Konstruktion ist derart wegweisend, dass sie nicht nur zum Inbegriff des Sportwagens der Vorkriegsjahre wird, sondern auch Alfa Romeo würdig in die neue Ära nach Ende des Zweiten Weltkriegs führen kann. Vater des 6C ist Vittorio Jano, der zuvor seine Ideen zur Konstruktion des mit Weltmeister-Lorbeer geschmückten Grand-Prix-Boliden P2 beisteuert. Mit Erscheinen des 6C 1500 fließen seine konstruktiven Gedanken auch in den Bau von Tourenwagen ein. 6C steht schlicht und ergreifend für »Sei Cilindri«, sechs Zylinder. Der erstmals 1925 in Mailand vorgestellte Sechszylinder tritt – mit Beginn des Verkaufs 1927 – die Nachfolge der Baureihen RL und RM an.

Bei dem neuen Modell handelt es sich um ein kompaktes Fahrzeug. Wegen seines niedrigen Rahmens, den semielliptischen Federn und beispielhafter Bremsen begeistert der neue Alfa Romeo mit einem bis dahin ungekannten direkten und wendigen Naturell. So ist es denn auch kein Wunder, dass der 6C 1500 nicht nur als repräsentativer Tourenwagen mit vier und sechs Sitzen karossiert wird, sondern auch – mit leichten Roadster-Karosserien versehen – zahlreiche Rennerfolge erringt.

Präsentiert wird der relativ kleinvolumige Motor (1497 cm³ mit 62 x 82 mm Bohrung/Hub) anfangs mit einer oben liegenden Nockenwelle. Der Motor stemmt 44 PS auf die Kurbelwelle und beschleunigt das Fahrzeug auf eine Höchstgeschwindigkeit von 110 km/h. Nicht zuletzt den Wünschen der zahlreichen Sportfahrer gehorchend erweitert Alfa Romeo schon 1928 das Modellprogramm um eine 54 PS starke Sport- und 60 PS leistende Super-Sport-Version. Möglich wird die Mehrleistung durch Kopfarbeit: Hier kommen zwei oben liegende Nockenwellen zum Einsatz. Diese heute zum Standard avancierte Architektur soll für lange Jahrzehnte typisch Alfa Romeo werden und die Motorenbaukompetenz der Marke demonstrieren.

Für die Herren Fahrer, denen die Leistungsfähigkeit des Sport beziehungsweise Super Sport immer noch nicht ausreicht, bieten

DER SECHSZYLINDER ERWEIST SICH ALS ERFOLGREICHES UNIVERSALGENIE

Die Bandbreite der Gestaltung reicht vom klassischen Zagato Sportdress des 6C 1750 (links) bis zum 6C 2300 mit stromlinienförmigem Superleggera-Coupé aus dem Hause Touring.

die Mailänder kompressorgeladene Varianten mit 76 und gar 84 PS. Letztere entsteht eigens für Langstreckenrennen, wie sie mit der »Mille«, dem Marathon Paris–Nizza oder beispielsweise in Spa und Brooklands ausgetragen werden. Die Bezeichnung »Testa fissa« weist auf ihren fest mit dem Kurbelgehäuse verschweißten Zylinderkopf hin. Eine technische Maßnahme, die den damals noch unzureichenden Dichtmöglichkeiten Rechnung trägt.

1929 erscheint mit dem 6C 1750 das auf 1752 cm³ (65 x 88 mm) Hubraum erweiterte Modell des Sechszylinders. Wie schon bei dem kleineren Modell verfügt der Reihensechszylinder wahlweise über eine (in der 46 PS-Basisversion) beziehungsweise zwei oben liegende Nockenwellen (bei den sportlicheren Modellen) und ist mit oder ohne Kompressor lieferbar. Die Sport (später Gran Turismo genannte) und Super Sport (später Gran Sport getaufte) Doppelnockenwellen-Versionen liefern bei 4400 U/min 55 und 64 Pferdestärken. Mit Kompressor sind es gar 80 und 102 PS – erneut als »Testa fissa«, mit festem Kopf. Damit beschleunigt der 6C 1750 auf über 170 km/h. Von den elf Gesamtsiegen bei der Mille Miglia gehen – nach dem 1928er Sieg des 6C 1500 von Campari/Ramponi – die Triumphe anno 1929 und 1930 auf das Konto des 1750ers.

Der Tradition entsprechend bieten die Carrozziere wieder eine Vielzahl möglicher Aufbauten an: Pinin Farina beginnt 1931 seine über acht Jahrzehnte währende Kooperation mit Alfa Romeo mit einem Gran Sport Cabriolet. Die berühmtesten – da sportlich erfolgreichsten – 1750er besitzen wiederum einen leichten Spider-Aufbau der Carrozzeria Zagato aus Rho. 1933 wird der Hubraum dieses Fahrzeugs nochmals auf nun 1917 cm³ (68 x 88 mm) erweitert und die Typenbezeichnung dementsprechend zu 6C 1900 modifiziert. Der Wagen verfügt über 68 PS und wird nicht für den Renneinsatz benutzt – schließlich hat bereits der achtzylindrige 8C 2300 das sportliche Erbe des 6C 1750 erfolgreich angetreten. Und neben den zahlreichen Karosseriebauern fertigt Alfa Romeo, nach Einrichtung einer eigenen Karosserieabteilung, fortan in Portello auch komplette Fahrzeuge.

DER AGILE 6C GEHÖRT IN DIE RIEGE DER TRAUMWAGEN

Der 1934 erstmals auf der Bildfläche erscheinende 6C 2300 setzt die Reihe der Sechszylinder-Modelle fort. Bohrung und Hub sind nun auf 70 beziehungsweise 100 Millimeter erweitert und ergeben ein Brennraumvolumen von insgesamt 2309 cm³. Der mit dem 8C 2300 eingeführte und bereits beim 6C 1900 verwendete Leichtmetallzylinderkopf mit seinen hemisphärisch geformten Brennräumen ist nun Standard wie die beiden oben liegenden Nockenwellen.

Für die Karossen des bis zu siebensitzigen Tourenwagens zeichnen in erster Linie Castagna und die hauseigene Karosserieabteilung verantwortlich. Berühmt wird der 6C 2300 jedoch im Superleggera-Kleid der Carrozzeria Touring. Der Mailänder Karosseriebauer dengelt eine dünne Alukarosse auf einen feinen Gitterrohrrahmen und schafft damit einen ebenso leichten wie aerodynamisch günstigen Wagenkörper, der den Sechszylinder auch zum »Mille«-Sieger macht. Bei anderen Carrozzieri, wie beispielsweise Pinin Farina, entstehen weitere stromlinienförmig gekleidete 6C 2300 auf Basis der 95 PS starken Pescara-Ausführung. Sie werden zum Trendsetter damaliger Automobilmode.

Nach dem Krieg markiert Alfa Romeo mit seinem 6C 2500 die Spitze des Automobilbaus. Technisch ist er seiner Zeit derart weit voraus, dass das Modell nach Kriegsende Alfa Romeo ohne Not in eine neue, vielversprechende Zukunft führen kann. Die Konstruktion des mit zweieinhalb Liter hubraumstärksten Sechszylinders geht logischerweise auf die Vorkriegsjahre zurück. Mit dem 1939 vorgestellten 6C 2500 gelingt der Mailänder Avantgard-Manufaktur einmal mehr ein

Die Siege bei der Mille Miglia 1928, 1929 und 1930 sind hervorragende Nahrung für das sportlich erfolgreiche Image der Fahrzeuge aus Portello. Hier sitzen die Sieger der Ausgabe 1929, Giuseppe Campari und Giulio Ramponi im 6C 1500 SS.

Fahrzeug, das stilvolle Noblesse mit authentischer Sportlichkeit verbindet. So gehören diese Modelle schnell zu den bevorzugten Automobilen gekrönter Häupter, des Geldadels und prominenter Künstler.

Während für sportlichen Lorbeer in erster Linie die Achtzylinder zuständig sind, kommt dem 6C 2500 die Rolle des Allroundgenies zu. Dementsprechend breit gefächert ist die Palette an angebotenen Varianten. Auch für den Nachfolger des 6C 2300 sind zwei oben liegende Nockenwellen und Leichtmetall-Zylinderkopf obligatorisch. Die Bandbreite an Aufbauten reicht von siebensitzigen Limousinen über sportliche Cabriolets und Coupés und geländetaugliche Tourer für den Militäreinsatz bis hin zu überaus erfolgreichen Rennwagen. Einzelradaufhängung an allen vier Rädern – das ist 1939 eine Sensation. Und auch das teilsynchronisierte Getriebe verdeutlicht die technische Avantgarde der angesehenen Fahrzeugbauer aus Portello. Das Leistungsspektrum des großen 6C reicht von 87 und 90 PS für die Turismo-Limousinen über die 95 Pferdestärken des zumeist als Cabriolet oder Coupé eingekleideten Sport bis zu den 110 PS der ebenfalls sportlich-elegant karossierten Super-Sport-Modelle. Selbst der zwischen 1939 und 1942 für das Militär im Kübelwagen-Outfit versehene Coloniale kann seine sportlichen Gene nicht verbergen. Auf der Rennpiste leisten die als Spider oder Berlinetta aufgebauten SS Corsa sogar 120 PS.

Der Carrozzeria Touring gelingt mit dem SS Corsa Spider von 1940 ein außergewöhnlich attraktiver Wurf. Und der im Jahr zuvor produzierte, ebenfalls von Touring karossierte »ala spessa« gehört zu den aerodynamischen Musterstücken der Automobilhistorie. Den wohl berühmtesten Entwurf in der für Touring klassischen Superleggera-Bauweise verwirklichen die Mailänder Ende der 1940er-Jahre mit dem Bau des 6C 2500 Villa d'Este. Bereits vor diesem Wagen feiern zahlreiche Alfa Romeo Erfolge bei dem prestigeträchtigen Schönheitswettbewerb. So lassen sich damals einige der durchweg wohlhabenden Alfa-Eigner eigens für dieses gesellschaftliche Ereignis eine Spezialkarosserie auf das Chassis ihres Alfa Romeo schneidern. Und als ein sportlich-eleganter Super Sport 1949 den Wettbewerb abermals für sich entscheidet, trägt dieser Touring-Entwurf fortan auch seinen Namen. Drei Jahre zuvor verlassen die ersten Modelle wieder das Stammwerk im Norden Mailands. Neben der fünf- bis sechssitzigen Standardlimouisne Freccia d' Oro (goldener Pfeil) mit seiner zweitürigen Karosserie entstehen auch schnell wieder unterschiedliche Varianten wie Turismo, Gran Turismo, Sport und Super Sport. Und auch Rennversionen lassen nicht lange auf sich warten: 1950 beendet Juan Manuel Fangio die Mille Miglia mit einem 6C 2500 Corsa auf Rang drei.

Insgesamt entstehen in den Nachkriegsjahren 1830 Fahrzeuge des 6C 2500. Allen ist das inzwischen vollsynchronisierte Vierganggetriebe gemein. Geschaltet wird es mittels einer Lenkradschaltung. Und die Karosserien sind derweil fest mit dem Rahmen verschweißt. Ab 1950 erhält der Freccia d'Oro eine größere Heckscheibe, und auch das Fahrwerk des 6C 2500 wird neu abgestimmt.

Das Auslaufen der Fertigung des nach und nach vom vierzylindrigen Alfa Romeo 1900 überflügelten 6C 2500 markiert für die Mailänder Avantgardemarke einen Wendepunkt: Der für die damaligen Verhältnisse schnelle, luxuriöse, aber auch verhältnismäßig teure 6C 2500 ist der letzte vollständig in Handarbeit gefertigte Serien-Alfa Romeo. Und mit dem 1900 sowie der alsbald folgenden Giulietta beginnt eine neue Epoche für die renommierte Marke. ✣

DIE AVANT-GARDISTISCHE TECHNIK IST DIE EXISTENZ-SICHERUNG IN DEN FRÜHEN NACHKRIEGS-JAHREN

Die Nachkriegsmode sorgt für eine neue Anmutung bereits bekannter – und weiterhin avantgardistischer – Automobiltechnik. Dieser 6C 2500 SS wird 1947 von Pinin Farina karossiert und wartet bereits mit einem Plexiglas-Schiebedach auf!

DAS MASS DER DINGE

8C 2300
8C 2900

1931 erscheint der 8C 2300. Der Wagen erweist sich als Unversalgenie für Rallye, Straßen- und Rundstreckenrennen. Sogar in Le Mans und bei Grand-Prix-Einsätzen sind die Reihenachtzylinder erfolgreich.

Wie auch bei den sportlicheren Sechszylindern werden die Ventile mittels zweier oben liegender Nockenwellen gesteuert. Diese werden – anders als beim Reihensechszylinder – allerdings nicht mehr stirnseitig angetrieben, sondern von mittig angeordneten Zahnradpaaren. Der Mitteltrieb des lang gestreckten Motors verhindert Verwindungen von Kurbelwelle und Nockenwellen. Darüber hinaus fungiert er auch als Antrieb für die zum Einsatz kommenden Kompressoren. Besondere Aufmerksamkeit messen die Konstrukteure auch dem Gewicht bei. So wird der Zylinderkopf aus leichtem – und damit Schwerpunkt senkendem – Aluminium gefertigt.

Die sportliche Erfolgsbilanz des Achtzylinders liest sich noch einmal eindrucksvoller als die der Sechszylinder-Modelle. Daran tragen auch die Rennversionen mit verschiedenen Rahmen- und Karosserievarianten des Supersportwagens einen Anteil. Für den Einsatz bei den 24 Stunden von Le Mans entstehen beispielsweise – dem damaligen Reglement folgend – verschiedene viersitzige Tourer oder für Grand-Prix-Zwecke das legendäre Modell Monza. Dieses fällt nicht zuletzt durch die aerodynamisch gerundete, mit sechs Langlöchern durchbrochene Kühlerverkleidung auf. Ein Stilmerkmal, das Jahrzehnte später den Alfa 156 zitieren wird. Neben den schmucken Corsa-Versionen entstehen auf dem Rahmen des großen Alfa Romeo Coupés, Spider, Cabriolets, ja selbst Limousinen. Viotti, Vanden Plas, Pinin Farina, Castagna, Figoni, Castagna, Touring und weitere Blechkünstler finden immer neue, elegante Linien, mit denen sich die Eigner gute Chancen auf Pokale bei den damals beliebten Schönheitskonkurrenzen ausrechnen dürfen. Die Wagen haben allerdings auch ihren Preis. Und so bleibt der Kundenkreis – gerade in Zeiten der Rezession – doch überschaubar. Die sportlichste, leichteste Variante stammte aus der Werkstatt von Zagato. Sie ähnelt der bereits beim 6C 1750 im Sporteinsatz bewährten Ausführung.

Hubraum ist durch nichts zu ersetzen – außer durch Hubraum. Dieser Devise folgend wächst das Brennraumvolumen für einige Rennversionen alsbald auf 2,6 Liter. Technisch ist dieser Eingriff nicht über die Maßen aufwendig: Bei gleichbleibendem Hub von 88 Millimetern wird schlichtweg die Bohrung um drei auf 68 Millimeter erweitert. So wächst die Leistung auf bis zu 180 Pferdestärken und beschleunigt die oftmals von der Scuderia Ferrari eingesetzten Rennwagen auf eine atemberaubende Höchstgeschwindigkeit von über 225 km/h.

Der 8C 2300 taugt für Piste und Straße gleichermaßen. Mit dem Achtzylinder gewinnt Alfa Romeo übrigens die »Mille« nicht weniger als achtmal und viermal die 24 Stunden von Le Mans. Hierher rührt auch die unverwechselbare Anordnung von drei Scheinwerfern in Reihe. Sie wird bis heute gern zitiert und erklärt eine ähnliche Platzierung bei Fahrzeugen, wie dem SZ/RZ oder Alfa 159.

DIE ELEGANZ EINES DURCHTRAINIERTEN SPORTLERS

Touring kleidet die Grand-Prix-Technik des 8C 2900 – mit kurzem und langem Radstand – in atemberaubend schöne Superleggera-Aluminiumkleider.

1935 erscheint der 8C 2900. Er markiert den Superlativ der Automobiltechnik vor dem Zweiten Weltkrieg. Kein anderer Hersteller bringt zu jener Zeit einen vergleichbar avantgardistischen, schnellen und technisch hochwertigen Wagen auf die Straße. Unter den elegant-luxuriösen Cabriolet- und Coupé-Karosserien, die auf dem mit zwei Radständen angebotenen Chassis kreiert werden, verbirgt sich reine Renntechnik.

Technisch verfügt der 8C 2900 über dieselben Anlagen, wie die bereits bekannten 8C. Die beiden, beim 8C 2900 serienmäßigen Kompressoren sind die gleichen, wie sie beim Tipo B zum Einsatz kommen. Und auch auf dem Fahrwerkssektor bedienen sich die Ingenieure aus dem Rennwagen-Baukasten: Während der zwischen 1932 und 1935 gefertigte Tipo B oder auch P3 genannte GP-Renner noch über eine Vorderachskonstruktion verfügt, die sich mit der des 8C 2300 vergleichen lässt, steht der 8C 2900 – wie der technisch verwandte Tipo C – auf einzeln aufgehängten Rädern.

Beim Tipo C handelt es sich um einen Grand-Prix-Monoposto, dessen Konstruktion auf Überlegungen aus dem Rennjahr 1934 – der ersten Saison nach 750-Kilo-Formel – basiert. Er soll – mit 3,8 Liter großem Achtzylinder (1935) und über vier Liter großem Zwölfzylinder (1936) in die Fußstapfen des erfolgreichen Tipo B treten. Gegen die deutschen Silberpfeile gelingt den Alfisti allerdings kaum ein Stich. Beim 1931 vorgestellten Tipo A handelt es sich übrigens um einen Einsitzer, bei dem der Fahrer praktisch zwischen den beiden Getrieben zweier parallel in der Front montierten Sechszylinder sitzt. Das mit der Kraft zweier Triebwerke 230 PS starke Geschoss erreicht eine Höchstgeschwindigkeit von 240 km/h. Mit dem Bimotore entsteht 1935 ein weiteres Modell mit zwei Motoren. Allerdings sind jetzt zwei Achtzylinder montiert, einer – wie auch beim 8C – als Frontmittelmotor und der andere auf der Hinterachse. 16 Zylinder, 540 PS und eine Höchstgeschwindigkeit von sagenhaften 325 km/h lauten die Eckdaten des in zwei Exemplaren realisierten Bimotore. Beim achtzylindrigen Tipo C stemmt die Kurbelwelle insgesamt 330 Pferdestärken. Damit ist Tempo 275 drin. Die Besitzer der straßentauglichen Modelle indes müssen sich mit – immer noch sagenhaften – 180 PS und 175 km/h bescheiden. Das kurze und somit leichtere Modell läuft allerdings noch einmal zehn Kilometer pro Stunde schneller.

Der erste 8C 2900 A, ein »kurzer« Spider, feiert seine Premiere auf dem Pariser Salon 1935. Neun Exemplare später geht 1937 die zweite Serie, der 8C 2900 B, in Produktion. Sportlich macht der 8C 2900 durch seine Glanzvorstellung bei der Mille Miglia 1936 von sich reden. Im selben Jahr, wie erneut 1938, versucht Raymond Sommer an die vier Markenerfolge bei den »24 Stunden von Le Mans« anzuknüpfen. Doch die beim Langstreckenrennen eingesetzten Modelle fallen aus. Neben den zahllosen Erfolgen der Achtzylinder fallen diese beiden Niederlagen indes nicht ins Gewicht.

Neben dem Le-Mans-Coupé gehören das hellblaue Touring-Superleggera-Coupé und der »Wal« zu den heute berühmtesten Modellen der insgesamt 43 produzierten 8C 2900. Der »Wal« heißt eigentlich 8C 2900 lungo Spider Aerodinamico Sperimentale. Seine schmucklose, glatte Karosserie entsteht 1941 in der eigenen Karosserieabteilung von Alfa Romeo und ist seiner Zeit weit voraus. Aber auch andere Carrozzieri verwirklichen ihre avantgardistischen Aerodynamikstudien auf dem technisch avantgardistischen Modell.

Noch heute gehört der 8C 2900 zu den teuersten Fahrzeugen der Welt: Wenn diese Fahrzeuge ihre Besitzer wechseln, liegt der monetäre Gegenwert – wie Auktionsergebnisse dokumentieren – bei rund vier Millionen Euro. ☘

DER 8C 2900 MARKIERT SEINERZEIT DAS MASS DER DINGE

Bei dem 8C 2300 Monza handelt es sich um eine zweisitzige Grand-Prix-Version, die sich beispielsweise bei der Mille Miglia, noch mit Kotflügeln und Scheinwerfern, dem Wettbewerb stellt. Er stellt die Basis für die einsitzige Grand-Prix-Variante des 8C 2300. Mit ihm gelingt Nuvolari unter anderem beim GP von Deutschland 1935 ein legendärer Sieg gegen die übermächtigen Silberpfeile.

1924

1938

1946

Die Werbung ist auch immer ein Spiegel für die dem Produkt innewohnende Passion. Und Leidenschaft ist ein Begriff, der sehr gut zur Marke Alfa Romeo passt. Ebenso passend sind die Begriffe Kunst und Können. Einer der Könner, der Alfa Romeo in den frühen Jahren künstlerisch vertritt, ist René Magritte, der zwischen 1924 und 1929 eine Reihe von werblich genutzten Motiven erstellt. Dieses stellt einen RL in attraktiver Begleitung dar.

Vor dem Zweiten Weltkrieg ist der 6C 2300 nicht nur ein siegreiches Sportgerät, sondern auch repräsentative Staatskarosse. Die Werbung schlägt die Brücke zu »klassischer Perfektion« und bemüht dafür sogar das alte Rom. Das Foto zeigt eine sechs- beziehungsweise siebensitzige Limousine auf Basis des 6C 2300 B Lungo (mit langem Radstand) mit Alfa Romeo Standardkarosserie. Die seitig montierten Reserveräder kommen dem Raumangebot zugute.

Die luxuriösen Gran Turismo auf Basis des 6C 2500, wie beispielsweise der abgebildete fünfsitzige, 6C 2500 Sport Freccia d'Oro (Goldpfeil), werden gern in »besserer Gesellschaft« und bei dementsprechend hochrangigen Ereignissen, wie beispielsweise einem Opernbesuch gezeigt. Die Zeichnung als Darstellungsart hilft beim Idealisieren von Fahrzeug und Motiv. Diese Arbeit stammt vom renommierten Künstler und Comic-Zeichner Walter Molino.

1960

Der von Bertone-Designer Franco Scaglione in Form gebrachte Giulietta Sprint Speziale bringt die außergewöhnlichen Linien der drei BAT-Modelle in gemäßigter Form in die Serie. Mit fetzig kolorierten Zeichnungen kommt die Dynamik ins Spiel, die – noch junge – Autobahn dient als perfekte Kulisse für den Traum vom zügigen Reisen über längere Etappen. Startnummer und Helm stehen für den Traum vom Rasen … Ein Rennwagen wird die Giulietta SS indes nicht wirklich – diese Aufgabe übernimmt die Giulietta SZ. Die Zeichnung stammt übrigens vom späteren Bertone-Chefdesigner und Ital Design-Gründer Giorgetto Giugiaro.

1970

Ein Rennwagen par excellence hingegen ist der GTA. Die mit Doppelzündung versehene Leichtbauversion des Giulia Sprint GT ist auf Siege abonniert. Das gilt für den 1600er und seinen kleineren Bruder, den GTA 1300 Junior gleichermaßen. Hier springt die Rennversion in die Bresche für die unter der Bezeichnung 1300 Junior seit 1966 in Serie gebrachten Modelle vom Sprint und Spider.

1976

In Deutschland etabliert die Münchener Agentur Eiler & Riemel ab Ende der 1970er-Jahre einen neuen Werbestil. Die wie im alltäglichen Straßenverkehr aufgenommenen Motive wirken zufällig. Doch hinter jedem Motiv steckt die harte Arbeit eines akribischen Arrangements. Hier scheinen Touristen auf Italienreise zufällig einen Schnappschuss von einem Alfasud Sprint der ersten Serie gemacht zu haben. Der umfangreiche Text bietet detaillierte Produktinformationen.

1980   1981   1996

Die Nuova Giulietta ist – wie von einem Paparazzo erwischt – im Straßenverkehr abgelichtet. Regennass glänzender Asphalt und die Beleuchtungssituation verstärken den zufälligen Charakter dieses Sujets. Für die Agentur ist dies ein Mittel, um mit der Tatsache zu spielen, dass die Marke – geprägt durch arge Rostprobleme und ein expressionistisches Styling – zu jener Zeit polarisiert. Der keilförmige Viertürer mit Transaxle-Technik ist alles andere als Mainstream. Stolze Alfisti fahren seinerzeit den Schriftzug »Geschmack macht einsam« auf der Heckscheibe spazieren.

Die Alfetta 2000 L im überarbeiteten Kleid der zweiten Serie im nächtlichen Mailand fügt sich in die Reihe der damaligen Alfa-Werbung, die auch international Beachtung findet. Der damals zuständige Werber Manfred Riemel berichtet von Untersuchungen, die die Polarisierung der Marke belegen, von der Tatsache, dass selbst Alfa-Fahrer der Marke ambivalent gegenüberstehen und einer Art Hassliebe, einer jedoch immer zutiefst emotionalen Einstellung. »Das Image der Marke war das, was sie an Fahrerlebnis, an Besitzerstolz und so weiter bieten konnte.« Und genau das versucht die Agentur visuell auszudrücken – erfolgreich, schließlich arbeitet sie gut zehn Jahre auf dem Marketing-Etat der Frankfurter Alfa Romeo Vertriebsgesellschaft.

Die Leidenschaft und die zauberhafte Anziehungskraft der Marke zu visualisieren ist auch Inhalt dieser Anzeige, die den »Virus Alfa« in Form eines gut verwahrten Quadrifoglio Verde versucht darzustellen. Tatsächlich übt die Marke seit nunmehr einhundert Jahren einen magischen Zauber aus, der den, der von ihm berührt wird, kaum noch loslässt. Und das ist das wahre Geheimnis hinter dieser einzigartigen Automobilmarke.

FRENCH CONNECTION

An dem Produktionsstandort, an dem ab 1910 die ersten A.L.F.A. entstehen, Portello, ist bereits seit 1906 die Herstellung von Kraftfahrzeugen bekannt. Vier Jahre vor der Geburtsstunde von A.L.F.A. entstehen hier Lizenzfertigungen der ursprünglich französischen Darracq-Automobile. Und im Umgang mit aus Frankreich erteilten Lizenzen erwirbt sich Alfa Romeo im Laufe der Jahrzehnte durchaus eine Routine. So entstehen beispielsweise zwischen 1959 und 1964 die pontonförmigen Limousinen Dauphine und Ondine, die im Original von Renault vertrieben werden. Durch die Lizenzfertigung haben die Franzosen einen besseren Zugang zum italienischen Markt. Das man mit den kompakten Fahrzeugen auch kleine Nadelstiche gegen den privat organisierten, nahezu monopolistisch auftretenden Fiat-Konzern ausüben kann, ist dabei mit Sicherheit kein Hinderungsgrund.

Ein Alfa Romeo F12 als Pannenhelfer. Der Patient ist in diesem Fall eine Lancia Fulvia.

Beim Renault Dauphine handelt es sich um einen kompakten Viertürer mit Heckmotor, praktisch den französischen Konkurrenten zum VW Käfer, und mit insgesamt 2,1 Millionen, in zahlreichen Ländern der Erde produzierten Exemplaren ebenfalls einen »Megaseller«. Technisch sind die italienische Kopie und das französische Original weitestgehend identisch. Allerdings verfügt die italienische Version des 30 PS starken Vierzylinder-Fahrzeugs über eine elektrische Anlage mit modernen 12 Volt und die Hahnentritt-Sitzstoffe aus der Giulietta ti. Insgesamt entstehen zwischen 1959 und 1964 70502 Dauphine und Ondine. Bei dem Ondine handelt es sich um eine ab 1961 angebotene, identisch motorisierte Luxusversion, die sich durch eine gehobene Ausstattung mit blendfreiem Armaturenbrett, ausgekleidetem Kofferraum (vorn), gummibelegten Stoßstangenhörnern, Lochscheibenrädern und Chromzierrat vom Dauphine unterscheidet.

1962 fertigt Alfa Romeo zwischenzeitlich auch noch den im Jahr zuvor von Renault vorgestellten Kompaktwagen R4. Frontantrieb, vier Türen und die praktische große Heckklappe machen den Wagen international zu einem Erfolg. In Italien bleibt der ausschließlich weiß lackierte R4 aus Pomigliano d'Arco eine kurze Episode.

Auch in punkto Nutzfahrzeug wird Renault – über die Nutzfahrzeug-Tochter Saviem – in den 1960er- und 1970er-Jahren zum Partner für Alfa Romeo. Die Geschichte der Nutzfahrzeuge bei Alfa Romeo währt indes weit länger. Der notgedrungenen Produktion von

NUTZFAHRZEUGE UND LIZENZFERTIGUNGEN

1950 erscheint mit dem 450 das erste Nachkriegs-Nutzfahrzeug-Modell von Alfa Romeo. Im Folgejahr steht eine Armada dieser mittelschweren Lkw auf dem Hof zur Auslieferung bereit.

Parallel zur Giulietta läuft noch der »Dauphine-Alfa Romeo« in Portello vom Band. Der ebenfalls in Lizenz gebaute R4 wird im damaligen Alfa Romeo Flugmotorenwerk Pomigliano d'Arco gefertigt.

Rüstungsgütern im Ersten Weltkrieg schließt sich von 1918 bis 1924 die Fertigung eines zweizylindrigen Ackerschleppers mit 8,7-Liter-Petroleum-Motor an. Auch entsteht auf Basis des dreilitrigen RL ein Raupenschlepper. Leichte Lastwagen und Omnibusse mit Platz für zehn bis zwölf Personen werden ebenfalls auf Basis des RL realisiert.

Auf der Suche nach dem lukrativen Standbein mit schweren Nutzfahrzeugen findet Alfa Romeo 1930 mit Deutz und Büssing zwei Lizenzpartner, die die zeitnahe Produktion von Dieselfahrzeugen ohne kostspielige eigene Entwicklungsarbeit ermöglichen. Bereits 1931 erscheint der 85 PS starke Tipo 50. Nach und nach stockt Alfa Romeo Leistung und Leistungsvermögen auf. Der bis 1941 produzierte Tipo 110 stemmt bereits eine Nutzlast von zehn Tonnen. Der Motor schöpft seine 125 PS aus elfeinhalb Liter Hubraum. 1934 tritt mit dem Tipo 84 eine Eigenentwicklung in die Fußstapfen des Tipo 50, der 1939 wiederum durch den 430 ersetzt wird. Dieser stammt aus der Feder von Wilfred Ricard, der seinerzeit bei Alfa Romeo nicht nur für die Rennwagen, sondern auch für die Diesel verantwortlich zeichnet.

DIE NUTZFAHRZEUGFERTIGUNG GEHÖRT SCHON FRÜH ZUM REPERTOIRE DES STAATSUNTERNEHMENS

Mit dem 430 erscheint ein Vierzylinder mit 5,8-Liter-Direkteinspritzer und Achtganggetriebe. Die schwere Baureihe hört auf die Bezeichnung 800.

Neben den für das Militär produzierten Lkw und Flugzeugtriebwerken wird im Zweiten Weltkrieg auch der zum »Kübelwagen« karossierte 6C 2500 Coloniale mit geländetauglicher Trockensumpfschmierung und Sperrdifferenzial gefertigt. Auf einen Allradantrieb wird indes verzichtet. Der ist erst mit Erscheinen des 1900 M »Matta« lieferbar.

Nach dem Krieg werden die Frontlenker zunächst als 450 und 900 angeboten. Sie bleiben bis 1957 im Programm und erhalten mit dem »Mille« einen beliebten Nachfolger. 1964 zieht sich Alfa Romeo aus dem

Der A38 ist baugleich mit dem mittelschweren Modell vom französischen Hersteller Saviem, der später in die Renault-Nutzfahrzeug-Sparte übergeht. Was die Kooperation von Alfa Romeo mit Renault anbelangt, scheint sich so ein Kreis zu schließen. Dieser A38 ist beim kleineren Karosseriebauer Orecchia zum Autotransporter aufgebaut und trägt hier zwei 1750 Berlina nebst einer Giulia im Huckepack.

Geschäft mit schweren Lkw und Bussen zurück. Doch über die Kooperation mit Saviem sichern sich die Mailänder den Fortbestand in der Klasse der mittelschweren Lkw. Die in Frankreich auf die Bezeichnung Geolette und Galion hörenden Modelle tragen in Italien schlichtweg die nutzlastabhängigen Kürzel A15, A19, F20 oder A38.

Die leichten Nutzfahrzeuge indes kommen aus eigener Entwicklung. Mit dem »Romeo« erscheint 1954 ein Kleintransporter in der Größe des in Deutschland beliebten VW »Bullys«. Das große Plus des insgesamt über fast drei Jahrzehnte produzierten Alfa Romeo »Furgone« ist sein Frontantrieb, der für einen niedrigen und gut zu beladenen Boden sorgt. Das macht ihn auch beliebt für den Krankentransport. Der »Romeo« (mit Typbezeichnung T10) findet seine Nachfolger im »Romeo 2« (1956) und A11/A12 beziehungsweise F11/F12. Unter den variantenreich karossierten Transportern und Kleinbussen befindet sich eine 65 PS starke Version des 1,3-Liter-Triebwerks der Giulietta. Und – das ist damals noch außergewöhnlich – auch eine Dieselversion ist bestellbar. Dabei handelt es sich anfangs um einen kompressorgeladenen Zweizylinder-Zweitakter. Mit Erscheinen des ab 1973 angebotenen, von Perkins stammenden 1,8-Liter-Vierzylinder-Diesels wird dieser zur beliebtesten Motorisierung. Dabei handelt es sich um das Triebwerk, das zwischenzeitig den Weg in die Giulia Diesel findet. Die Baureihe bleibt bis 1983 im Programm.

Zu jener Zeit wird die hauseigene Nutzfahrzeug-Palette von dem in verschiedenen Lastklassen angebotenen AR8 nach oben abgerundet. Dabei handelt es sich um die nun der Iveco-Familie entstammenden »Daily«-Modellreihe. Diese hört bei Alfa Romeo auf den Namen ARveco. ARveco ist – im Gegensatz zum jeweils 50-prozentigen ARNA-Joint-Venture – vollends unter Kontrolle von Alfa Romeo und geht 1986 – mit Übernahme von Alfa Romeo durch Fiat – an den Turiner Konzern. Iveco gründet sich 1975 durch Zusammenschluss der Nutzfahrzeugunternehmen Magirus-Deutz, Fiat und Lancia, Unic sowie OM (Officine Meccaniche) unter dem Dach von Fiat, die anfangs 80, ab 1980 dann 100 Prozent vom neuen Nutzfahrzeugunternehmen besitzen. Auch die argentinische Alfa Romeo Dependance FNM (Fábrica Nacional de Motores) geht Mitte der 1970er-Jahre in die Kontrolle der Turiner über. Im fernen Südamerika hatte FNM noch geraume Zeit Alfa Romeo Lkw – wie auch Abkömmlinge des 2000 (Tipo 102) – gefertigt. Der AR8 ist von 1978 bis 1988 Teil der Alfa Romeo Modellpalette.

Das Scudetto prangt auch noch 1985 und 1986 auf dem landläufig als Fiat Ducato geschätzten Transporter, den Alfa Romeo als AR6 bezeichnet. Das Modell entspringt einem Gemeinschaftsprojekt von Fiat und PSA (Peugeot und Citroën). Mit Erscheinen dieses beliebten Schnelltransporters treten noch einmal französische Anknüpfungspunkte zutage. Mit einem Facelift der ersten Serie des Ducato verabschiedet sich die frisch unter die Fiat-Fittiche gezogene Marke aus dem Nutzfahrzeuggeschäft. ✤

DIE WURZELN VON ALFA ROMEO GRÜNDEN 1906 IN DER LIZENZFERTIGUNG VON DARRACQ

Der »Mille« gehört zu den in Italien beliebten Lkw der 1960er-Jahre. Dieser ist als Kühlwagen für die Jolly-Hotelkette im Einsatz.

Der »Mille« ist auch im Schwerlastverkehr zu Hause. Der Autotransporter baut auf einem Omnibuschassis auf und kutschiert hier die Modellpalette von 1963 fotogen über enge Straßen.

1900
1900 SPRINT
1900 SPRINT ZAGATO
1900 M »MATTA«

ALFA ROMEO WIRD ERWACH-SEN

Während der 6C 2500 die Marke in den frühen Nachkriegsjahren am Leben hält, sorgt ein anderes Modell für den Durchbruch: der 1900. Der erste echte Nachkriegs-Alfa bricht mit einer Reihe von Traditionen. Aber auch er setzt Maßstäbe. Erstmals verlässt ein Alfa Romeo mit selbsttragender Karosserie das Werk in Portello, dem Standort, an dem nun das komplette Automobil – Technik und Karosserie – gefertigt wird, auch wenn sich das Modell wiederum als lohnendes Objekt für wunderschöne Spezialkarosserien erweisen soll.

21 304 PRODUZIERTE FAHRZEUGE DER BAUREIHE 1900 MACHEN ALFA ROMEO ZUM GROSS-SERIENHERSTELLER

Nino Farina und Juan Manuel Fangio sammeln 1950 bereits seit Monaten mit der »Alfetta« Formel-1-Siege, als die Marke im Herbst auf dem Pariser Salon ihr Fahrzeug für die neue Zeit vorstellt. Mit dem 1900 gelingt Alfa Romeo der Schritt von der Manufaktur zum Serienhersteller. Und so sichert die sportliche Limousine der Marke das Überleben. In den folgenden neun Jahren werden rund 21 300 Exemplare der verschiedenen Versionen des 1900 gefertigt. Und es hätten durchaus mehr sein können. Doch die begrenzte Kapazität des Werkes steht größeren Stückzahlen im Weg. Zwar hat auch in Portello das aus Amerika eingeführte Fließband Einzug gehalten, doch noch immer erfolgt ein Gutteil der Montage in aufwendiger Handarbeit. Mithilfe des Fließbands können die Montagezeiten allerdings von ehemals 240 pro Fahrzeug auf rund 100 Arbeitsstunden gesenkt werden. Heute rollen übrigens selbst aufwendige Autos nach kaum mehr als 20 Stunden vom Band. Für den 1900 bedeutet dies, dass nun in Spitzenzeiten täglich rund 40 Autos das Werk verlassen.

Neben der selbsttragenden Karosserie trumpft der nun serienmäßig mit Linkslenkung ausgerüstete Alfa auch mit traditionellen Stärken auf. Ein Fahrwerk mit doppelten Dreieckslenkern, Schraubenfedern und Teleskopstoßdämpfern an der Vorderachse sowie die ebenfalls von Schraubenfedern und Teleskopstoßdämpfern in der Spur gehaltene Hinterachse bescheren dem 1900 ein sensationelles Fahrverhalten. Unter der Haube des schlichten aber attraktiven Viertürers arbeiten erstmals seit 1923 wieder ausschließlich Vierzylinder. Doch ihre Architektur ist vom Feinsten: hängende, über zwei oben liegende Nockenwellen betätigte Ventile im Querstrom-Alu-Zylinderkopf und halbkugelförmige Brennräume eine Etage tiefer. Die Leistungsausbeute kann sich sehen lassen: anfangs 90 PS, später 100 PS (1900 TI) beziehungsweise gar 115 PS (1900 TI Super). Vom Layout dient diese Konstruktion als Urmeter für die Vierzylinder, die später in der Giulietta, Giulia und all ihren Verwandten für Furore sorgen. Die Leistungsgewinne werden über größere Ventile (TI), Hubraumerweiterungen (1975 statt 1884 cm³ beim Super und TI Super)

Der Alfa Romeo 1900 wird auf einem in den USA gekauften Fließband gefertigt.

Der 1900 M tritt in die Fußstapfen des 6C 2500 Coloniale und verrichtet in erster Linie Polizei- und Militärdienst.

und Doppelvergaser (TI Super) erzielt. Damit dient der 1900 engagierten Privatiers als geeignetes Sportgerät. Getreu alter Traditionen wird der 1900 zum »Familienauto, das Rennen gewinnt«. Die Erfolge bei der Carrera Panamericana, der Mille Miglia oder Tour de France bilden den Grundstein für die bis heute währende Erfolgsserie im Tourenwagensport.

Daneben entsteht sogar eine Geländeversion, der 1900 M. Der unter dem Spitznamen »Matta« (italienisch für »der Verrückte«) bekannte Allradler ist das Produkt einer Auftragsarbeit des italienischen Verteidigungsministeriums, das so die amerikanischen Jeeps in den italienischen Beständen ablösen möchte. Neben seinem martialischen Auftritt macht er durch eine Geländeuntersetzung sowie zuschaltbarem Frontantrieb auf sich aufmerksam. Das Gemisch für die Aufbereitung seiner 65 Pferdestärken liefert ein robuster Einfachvergaser. Auch wird die Verdichtung des Triebwerks auf 7:1 herabgesetzt. Intern hört der »Matta« auf die Bezeichnung AR 51 (1921 gebaute Exemplare) beziehungsweise AR 52 (154). AR steht dabei indes nicht für Alfa Romeo, sondern Autovetture da Ricognizione (Spähwagen). Die 1900 M, denen der Militärdienst erspart bleibt, müssen sich bei der Straßenwacht, Polizei, im Katastrophenschutz oder bei Radrennen und anderen Sportveranstaltungen (als Servicefahrzeuge) bewähren. Aber manchmal werden auch sie in den Wettbewerb geschickt: 1952 gewinnt ein 1900 M die Militärklasse der Mille Miglia. Der erste Allrad-Alfa kostet in der Grundausstattung übrigens umgerechnet rund 18 000 Mark. Und das zu einer Zeit, als der VW Käfer noch für weniger als 4000 Mark zu haben ist. Aber das ist immer noch ein Spottpreis im Vergleich zu den über 31 000 Mark, die 1954 für die ersten 1900 Sprint in Deutschland gezahlt werden müssen. Das Flügeltür-Coupé aus Stuttgarter Fertigung, der Mercedes 300 SL, ist glatte 2000 Mark günstiger.

Seine Premiere erlebt der 1900 Sprint auf dem Turiner Salon 1951 und das erste Exemplar geht an keinen Geringeren als Juan Manuel Fangio. Auf der Leistungsschau der italienischen Automobilbaugilde gehört das neue Coupé von Fangios Arbeitgeber zweifelsfrei zu den Attraktionen. Auf Basis eines um 13 cm verkürzten 1900 hat Touring einen attraktiven Zweitürer gezaubert. Das Design stammt – wie schon beim Villa d'Este – von Carlo Felice Anderloni, dem Kopf der ebenfalls in Mailand ansässigen Carrozzeria Touring. Und Touring bleibt nicht der einzige Karosseriebauer, der sich des 1900 annimmt. Allerdings handelt es sich bei den 1900 mit Blechkleidern von Boneschi, Bertone, Castagna, Pinin Farina oder Ghia um Einzelstücke beziehungsweise Kleinstserien. Lediglich der 1900 Super Sprint Zagato entwickelt sich zu einem eigenen Modell. Der erste SSZ datiert aus dem Jahre 1954 und ist – wie schon bei den Vorkriegsmodellen – vorrangig der Eignung für den Sporteinsatz geschuldet, schließlich geht die Initiative von der Scuderia Sant Ambroeus aus. Schnell interessiert sich auch Alfa Romeo-Werksfahrer Consalvo Sanesi für den aerodynamisch interessanten Sportler. Er unterrichtet seinen Arbeitgeber, der sich prompt den Wagen vorführen und fotografieren lässt. Es ist die erste offizielle Annäherung von Alfa und Zagato nach zwanzigjähriger Pause. Dem 1900 SSZ fehlt die Grazie der Pinin Farina- oder Touring-Modelle.

Es entstehen insgesamt 40 SSZ (zwei davon als Cabriolets), die Touring-Coupés bringen es auf eine Stückzahl von 949 (Sprint) und 854 (Super Sprint) Exemplaren. Dem frühen, 100 PS starken und beachtlichen 180 km/h schnellen 1900 Sprint folgt 1954 der 1900 Super Sprint mit 115 PS. Damit beschleunigt das 1000 Kilogramm leichte Coupé auf Tempo 190. Optisch sind die weiterhin bei Touring produzierten Superleggera-Coupés an größeren Heckscheiben sowie ebenfalls vergrößerten hinteren Plexi-Seitenscheiben erkennbar. Und inzwischen wird mit Fünfgang geschaltet. 1956 erscheint eine weitere Serie, die an ein Cabriolet mit Hardtop erinnert und sich stilistisch an der Giulietta Sprint anlehnt. Dieser Entwurf gilt seinerzeit als gelungener. Doch das ist bekanntlich Geschmackssache und wird heute ein wenig anders gewichtet. 🍀

Der 1900 Sprint mit eleganter Pinin-Farina-Karosserie gehört zu den sehr seltenen Exemplaren dieser Baureihe.

Auch die sportlichen Zagato-Coupés auf Basis des 1900 Sprint genießen Exoten-Status.

Alfa Romeo bevorzugt die Dienste von Hauscouturier Touring, der den 1900 Sprint mit einer hinreißend schönen Leichtbauhülle versieht.

GROSSE KLASSE

2000
2000 SPRINT
2000 SPIDER

Der Erfolg der 1954 erscheinenden Giulietta macht, nach Einschätzung des Alfa Romeo Managements, Platz, die Nachfolger des 1900 Super durch eine elegantere, höher positionierte Limousine antreten zu lassen. Dem Zeitgeist der 1960er-Jahre folgend präsentiert das Haus auf dem Turiner Salon 1957 den Alfa Romeo 2000 mit gradliniger Pontonkarosse, reichlich Chromzierrat, Panoramascheiben und europäisch gemäßigten Heckflossen. Die beidseitig in den Stoßstangenecken versteckten Auspuffendstücke sind ein Tribut an den Zeitgeschmack – wie der Bandtachometer, dem ein Drehzahlmesser in klassisch runder Form zur Seite gestellt ist. Dank des am Lenkrad zu schaltenden Fünfganggetriebes finden nicht nur im Fond, sondern auch vorn drei Personen nebeneinander Platz. Die große Limousine vereint Luxus mit Sportlichkeit.

Die Technik des neuen Alfa Romeo ist der Kundschaft weitgehend bekannt, schließlich arbeitete der 1975 cm³ große Motor bereits drei Jahre zuvor im 1900 Super. Statt 90 Pferdestärken (115 im 1900 TI Super) leistet der mit einem neuen Kopf (die Ventilstößel baden jetzt im Ölbad) versehene Grauguss-Vierzylinder nun 105 PS. Scharfe Kanten, üppiger Chromschmuck, steil aufragende Heckflossen und ein stolz in der Front stehendes Scudetto geben dem Viertürer ein imposantes, repräsentatives Äußeres.

Mit ihrer Markteinschätzung liegen die Manager indes leicht daneben, denn zu großen Stückzahlen bringt es der 2000 nicht. Die Luft für Luxus-Limousinen wie den Alfa Romeo 2000 oder die konkurrierenden Modelle von Lancia, Mercedes und Jaguar ist Ende der 1950er-Jahre noch recht dünn. Zwischen 1958 und 1961 verlassen 2893 Fahrzeuge das Werk. 320 davon gehen nach Brasilien. Dort erfreut sich diese Limousine über Jahre einer großen Beliebtheit und wird von 1960 bis 1983 unter der Ägide von FNM (Fábrica Nacional de Motores) produziert. Ab 1968 hört das optisch um das aufragende Scudetto beraubte Modell auf die Bezeichnung 2150. Mitte der 1970er-Jahre entsteht dann der an die Alfetta erinnernde 2300, den Alfa Romeo überlegt, als »Rio« auf dem deutschen Markt anzubieten. Doch ist die Technik des Importfahrzeugs zu diesem Zeitpunkt in Ehren ergraut und entspricht nicht mehr dem Stand, den die technisch durchaus verwöhnten Alfisti erwarten. So bleibt der 2000-Nachfahre in Südamerika und wird (ab 1978) als 2300 ti4 immerhin bis Mitte der 1980er-Jahre produziert.

Der »Touring Spider« zeigt eine deutliche Familienähnlichkeit zum Giulietta Spider und weckt gleichzeitig Assoziationen zu optisch ähnlichen Modellen von Ferrari und Maserati.

Parallel zur Limousine erscheint der 2000 Spider, mit dem Alfa Romeo auf dem Erfolg des Giulietta Spider auf- und sein Angebot an offenen Sportwagen ausbaut. Das edle, zweipluszweisitzige Cabriolet ist wie geschaffen für den amerikanischen Markt. Während die offenen Versionen des Vorgängers lediglich in kleiner Stückzahl eingekleidet werden, entsteht der 2000 Spider im Werksauftrag bei Hauscouturier Touring. Als Basis dient die Plattform des 1900 mit dem bereits vom 1900 Sprint bekannten Radstand von zweieinhalb Metern. Darauf thront eine von Carlo Felice Anderloni entworfene Stahlblechkarosserie, die italienische Eleganz und Alfa-Romeo-typische Designmerkmale miteinander verbindet. Dominierend ist die Front, deren Optik – neben Scudetto und Baffi – von den Leuchteinheiten dominiert wird. Unter den Hauptscheinwerfern bilden zwei große Leuchten den Abschluss der »Baffi«, der schnauzbartähnlichen Kühlöffnungen. Sie sehen aus wie Doppelscheinwerfer. Tatsächlich verbergen sie jedoch die Blinker und Stand- beziehungsweise Stadtfahrleuchten. Auf der Haube befinden sich zwei Lufthutzen. Sie sind, wie die jeweils vier seitlichen Chromkiemen, lediglich ein funktionsloses Stylingelement.

DIE ATTRAKTIVEN OBERKLASSE-MODELLE WARTEN NOCH AUF ADÄQUATE MOTOREN

Der filigrane Chromrahmen der Windschutzscheibe stört die ansonsten uneingeschränkte Rundumsicht der Insassen nicht wirklich. Anders als bei der Limousine erfolgt die Gangwahl im Fünfganggetriebe des Spider mittels eines aus dem Mitteltunnel emporragenden Schaltstocks. Bereits aus dem 1900 bekannt ist der knapp zwei Liter große Grauguss-Motor mit Aluminiumzylinderkopf und seinen beiden oben liegenden Nockenwellen. Im Spider wird er von zwei Weber-Horizontal-Doppelvergasern beatmet und leistet 115 PS. Damit rennt der »Touring-Spider«, wie er heute in Sammlerkreisen genannt wird, stolze 175 km/h. 3443 verkaufte Exemplare machen das edle und recht teure Cabriolet zum Erfolg.

Ein Erfolg ist auch das ab 1960 angebotene Coupé. Der 1962 folgende 2600 Sprint übernimmt seine Linienführung, und auch die Gestaltung des »Bertone« genannten Giulia Sprint GT ist vom Entwurf des 2000 Sprint maßgeblich beeinflusst. Das Design ist praktisch die Bewerbungsaufgabe von Giorgetto Giugiaro, der sich damit für einen Job bei der renommierten Carrozzeria Bertone bewirbt und für weitere Aufgaben qualifiziert. Giugiaro zaubert eine moderne, leichtfüßig wirkende Linie für das stattliche Automobil. Sowohl Bertone als auch Alfa Romeo sind begeistert. Mit seinem ersten eigenen Entwurf landet Giugiaro einen Volltreffer. Und so erhält der junge Mann nicht nur ein gut dotiertes Angebot, sondern inklusiv die Leitung der Design- und Prototypen-Entwicklungs-Abteilung.

Auffälligstes Gestaltungsmerkmal ist die durchbrochene Frontpartie, in der die Doppelscheinwerfer und das Scudetto untergebracht sind. Damit schafft Bertone die Jahrzehnte währende Mode der von Kühlergrills bestimmten Fahrzeugfront, die erst ab den 1990er-Jahren durch die Renaissance der nach und nach eingeführten singulären Kühlermasken abgelöst wird.

Entgegen dem 1900 Sprint mit Superleggera-Karosserie aus Aluminium ist das Karosseriekleid des 2000 Sprint aus Stahlblech geformt. Zusammen mit einer leicht umfangreicheren Ausstattung bringt der Wagen mit dem großzügig verglasten und gestalteten Fahrgastraum bei ähnlichen Abmessungen rund 250 Kilo mehr auf die Waage. So liegt dann auch die Höchstgeschwindigkeit des Coupés mit 175 km/h unter der seines Vorgängers.

In seiner dreijährigen Produktionszeit entstehen 704 Exemplare des exklusiven 2000 Sprint, ehe der sechszylindrige 2600 Sprint an seine Stelle tritt. Und für Giugiaro ist es der Beginn einer Liaison, die noch zahlreiche stilbildende Alfa Romeo hervorbringen wird … 🍀

Die Limousine mit Ecken und Kanten entspricht dem damaligen Zeitgeschmack. Ihr Design stammt von Alfa Romeo.

Mit der über die gesamte Breite offenen Frontpartie, die Grill, Scudetto und Doppelscheinwerfer aufnimmt, setzt Bertone für Jahrzehnte einen Gestaltungsstandard.

Der 2000 Sprint ist ein frühes Werk von Giorgetto Giugiaro; seine leicht wirkende Form ist zeitlos elegant.

SECHS-APPEAL

2600
2600 DE LUXE
2600 SPRINT
2600 SPIDER
2600 SZ

Beim Schritt vom 2000 auf 2600 erfahren die Linien der Limousine eine stärkere Überarbeitung als die des Sprint. Letzterer erhält einen Lufteinlass auf der Haube.

Beim 2600 SZ richtet Zagato sein Augenmerk auf gediegenen Komfort.

Mit dem ersten neu konstruierten Sechszylinder der Nachkriegsära entspricht die 1962 vorgestellte Motorisierung des nun auf die Bezeichnung 2600 hörenden Oberklasse-Modells fortan auch dem Anspruch, den die wohlhabende Kundschaft an ein Fahrzeug aus dem automobilen Oberhaus stellt. Mit dem kraftvollen Leichtmetall-Aggregat ist ordentlich Staat zu machen. Mit den Fahrzeugen sowieso. Die Karosseriekleider von Limousine (Berlina), Coupé (Sprint) und Cabriolet (Spider) der Baureihe 106 sind vom 2000er (Baureihe 102) bereits wohl bekannt. Lediglich Modifikationen im Detail machen den Unterschied.

Beim viertürigen 2600 sind die Retuschen noch am auffälligsten. So ist die Motorhaube nun horizontal geglättet und das Scudetto findet seinen Platz im Kühlergrill. Blinker und Stadtfahrleuchten sind nun nicht mehr als Zusatzscheinwerfer getarnt und bilden den unteren horizontalen Abschluss des Chromgrills. Darunter befindet sich jetzt eine schlichte Stoßstange. Auch der Heckstoßfänger ist schlicht und seiner Auspufföffnungen entledigt. Anstelle der ehemals heckflossenförmigen Rückleuchten sind jetzt großflächige, barock anmutende rechteckige Leuchten montiert. Insgesamt hat der 2600 einen klareren Auftritt. Dieser Eindruck wird ab 1964 mit Entfernen des seitlichen Chromzierrats nochmals verstärkt. Vom Fahrersitz aus lässt sich beim Blick auf das Instrumentenbord indes kein Unterschied ausmachen. Das ändert sich schlagartig, wenn der Fahrer den neuen Reihensechszylinder mit seinen beiden oben liegenden Nockenwellen mittels Zündschlüssel zum Leben erweckt. Das neue Triebwerk lässt die Kritiker des langsam in die Jahre gekommenen Zweiliter-Vierzylinder mit einem Dreh verstummen.

Satte 132 PS ermöglichen über 170 Sachen. Serienmäßig sind neben einer luxuriösen Ausstattung Platz, Behaglichkeit und Prestige. Für die 54 Kunden, denen das noch nicht exklusiv genug ist, entsteht bei der Officine Stampaggi Industriali (OSI) das Modell 2600 De Luxe. Einer der Kunden ist der nicht nur für seinen Automobilgeschmack bekannte Schah von Persien. Anders als bei den 2038 produzierten im Werk karossierten Sechszylinder-Limousinen überzeugt die bei Ghia gezeichnete OSI-Limousine mit ihren vier Einzelsitzen noch Jahrzehnte später durch ihre zeitlos anmutende sportliche Eleganz. Lediglich der Heckabschluss mit den tief angebrachten Giulia-Leuchten wirkt unfertig. Und auch die großen dreieckigen Fenster in der C-Säule scheinen nicht perfekt proportioniert. Doch sie schaffen eine lichte Atmosphäre und fabelhafte Rundumsicht.

Auf der Autobahn kennt der Sechszylinder kaum Konkurrenz. Und mit dem 2600 Sprint trifft Alfa Romeo einmal mehr den Geschmack automobiler Feinschmecker. Optisch ist der 2600 Sprint lediglich durch die mit einem Lufteinlassschlitz versehene Motorhaube von seinem vierzylindrigen Bruder zu unterscheiden. Die Architektur des 2584 cm³ großen Triebwerks lässt eine

Das Cockpit des 2600 Spider gehört zu den schönsten und begehrenswertesten »Arbeitsplätzen« der goldenen 1960er-Jahre.

Verwandtschaft mit der des Giulietta-Triebwerks erkennen. Und auch das Rezept zur Leistungssteigerung ist ähnlich: Doppelvergaser wirken wie größere Lungen. Beim Sechszylinder sind es drei an der Zahl, die dem Coupé zu 145 PS verhelfen. Damit ist der elegante Wagen gut für das Durchbrechen der seinerzeit magischen Tempo-200-Grenze. Mit diesem Wagen knüpft Alfa Romeo an Maserati und andere ebenso stilvolle wie hochpreisige Sportwagen und Gran Turisme an. In Deutschland kostet der 2600 Sprint so viel wie ein Mercedes-Benz 220 SE. Das Fünfganggetriebe und die ab Oktober 1963 auch an der Hinterachse montierten Scheibenbremsen gehören zu den technischen Leckerbissen. Ein weiterer sind die damals extrem exklusiven und erstmals in einem Alfa Romeo verbauten elektrischen Fensterheber.

Zwischen 1962 und 1966 werden bei Alfa Romeo am neuen Produktionsstandort Arese und bei Bertone in Turin 6999 Exemplare des 2600 Sprint produziert. Das sind zehnmal so viele wie von seinem vierzylindrigen Vorgänger. Mit gerade einmal 105 Einheiten ist der von Zagato eingekleidete 2600 SZ (Sprint Zagato) eine Rarität der Baureihe. Üblicherweise gilt Zagato als eiserner Leichtbau-Verfechter. Anders als beispielsweise bei der Giulietta SZ ist die skurrile stromlinienförmige Karosserie diesmal aus Stahlblech gefertigt. Und auch das Interieur mit dem reich ausgestatteten Instrumentenbrett (vier Rundinstrumente) und üppigem Holzanteil auf der Beifahrerseite zeugt nicht von den sonst üblichen Sportambitionen. Mit 1140 Kilo ist der SZ dennoch immerhin 120 Kilo leichter als das Basismodell im Bertone-Dress. Und die aerodynamisch optimierte Form verhilft dem 2600 SZ – bei identischer Leistung – zu einer Höchstgeschwindigkeit von stolzen 210 km/h.

DIE SECHSZYLINDER DEFINIEREN DIE AUTOMOBILE OBERKLASSE DER 1960ER-JAHRE

Der wohl eleganteste Vertreter des 106er Trios, der 2600 Spider, weckt Assoziationen an die offenen Sportwagen von Ferrari und Maserati und vermag seine Insassen in einzigartiger Art und Weise mit dem Klang des Sechszylinders zu betören. Auch der offene Zweipluszwei gewinnt gegenüber dem Schwestermodell der Baureihe 102 durch die optische Detailarbeit. Er hat nun tatsächlich leicht schräg untereinander angebrachte Doppelscheinwerfer, und die beiden Luftöffnungen in der Haube des 2000 Spider sind jetzt miteinander verbunden und bilden einen breiten Schlitz. Verschwunden sind die seitlichen Kiemen-Attrappen und die obere der beiden einst parallelen Chromleisten. Dafür rahmen jetzt aber zwei kleine, aufzudrehende Seitenfenster die Frontscheibe ein. Sie verbessern die Frischluftzufuhr bei geschlossenem Verdeck. Gelobt wird auch das neue Instrumentarium des insgesamt 2257-mal produzierten 2600 Spider. Zwei große und zwei kleinere Rundinstrumente geben nun Auskunft, und auf dem wellengetriebenen Tacho eilt die Nadel bis zur 200er Marke. 🍀

Vom 2600 de Luxe entstehen nur 54 Exemplare. Eines davon für den Schah von Persien.

Der elegante 2600 Spider eilt bis zur 200 km-h-Marke.

AUF ZU NEUEN UFERN

GIULIETTA
GIULIETTA TI
GIULIETTA SPRINT
GIULIETTA SPRINT VELOCE
1300 SPRINT
GIULIA SPRINT
GIULIETTA SPRINT SPEZIALE
GIULIA SPRINT SPEZIALE
GIULIETTA SVZ
GIULIETTA SZ

Offene Zweisitzer sind in den USA groß in Mode. Aber auch das wirtschaftswundernde Europa erliegt alsbald dem Zauber dieser attraktiven Sportwagen, mit denen nicht nur bei Modenschauen und Model-Wahlen ein ordentlicher Auftritt sicher ist.

Mit der Giulietta erweitert Alfa Romeo seine Modellpalette nach unten und erweitert so seinen Kundenkreis. In der Hubraumklasse unterhalb von zwei Liter ist Alfa Romeo bis zum Erscheinen der kleinen sportlichen Limousine noch nicht vertreten. Die fortschreitende Massenmotorisierung macht den Ausbau des Angebots jedoch sinnvoll. Und auch wenn die Marke in punkto Fahrzeuggröße Neuland betritt, so besinnt sie sich bei der Fahrzeugkonzeption auf ihre Tugenden. Auch der neue kleine Alfa Romeo ist ein typischer Vertreter der Marke. Unter der viertürigen Karosserie verbergen sich sportliche Qualitäten, mit denen Hobbyrennfahrer am Wochenende von Sieg zu Sieg eilen können.

Technische Güte und sportliches Talent dokumentieren auch die große Zahl der allesamt auf der Technik der Giulietta basierenden Coupés und Spider.

Gedacht ist die Giulietta indes für die Straße. Und da macht sie eine verdammt gute Figur. Das Auto sieht gut aus, ist schnell und verbraucht dabei wenig Kraftstoff und eine Menge Platz bietet es auch. Dabei rangiert die Giulietta preislich nur geringfügig über den Klassenmitstreitern. In der zweiten Hälfte der 1950er-Jahre wächst die Zahl derer, die sich ein Auto oder gar einen Alfa Romeo leisten können, stetig. Das Auto wird mehr und mehr ein Gegenstand des alltäglichen Lebens und dank der Giulietta profitiert auch Alfa Romeo vom steigenden Motorisierungsgrad.

Eingefleischte Anhänger der Marke bedauern seinerzeit indes, dass die Entwicklung des fortschrittlichen kleinen Alfa Finanzen und Arbeitskräfte bindet. Das hat den Rückzug aus der Formel 1 – nach dem erneuten WM-Titel im Jahre 1951 – zur Folge. Und auch das Sportwagenengagement wird zwei Jahre darauf erst einmal ersatzlos gestrichen, um die Ingenieure in die Entwicklung der neuen Fahrzeuggeneration einzubeziehen. Die Entscheidung erweist sich als weise, denn mit dem neuerlichen Ausbau der Modellpalette nach unten ist der Fortbestand der Marke auch im industriellen Großserien-Zeitalter gesichert. Die Liste exklusiver Automobilmarken, die diese Ära nicht überleben, ist ebenso wohlklingend wie lang. Doch die Entwicklung der Giulietta sowie die dazugehörigen Produktionsvorbereitungen erfordern ein Investitionsvolumen, das den vorhandenen Rahmen sprengt. So wird kurzerhand eine Lotterie zugunsten des staatlich kontrollierten Automobilherstellers ausgeschrieben. Die »Schuldscheinzeichner« erhalten die Chance einer Anwartschaft auf die ersten 1000 Giuliettas. Und auch der Hauptgewinn steht: das neue Auto. Und damit ist dann auch ein zeitlicher Rahmen gesteckt, schließlich sollen die »Investoren« nicht allzu lang auf ihren Gewinn warten, geschweige denn das Gefühl bekommen, sie könnten um ihren Gewinn geprellt werden. Doch es kommt, wie es kommen muss ... Fortwährende Nachbesserungen am Fahrzeug, unter anderem wegen anfangs mangelnder Torsionssteifigkeit der Karosserie, führen zu immer wieder neuen Verschiebungen des Serienanlaufs.

Für den positiven Ausgang des Lotteriethemas kommt den Mailändern eine Idee: Und so erscheint noch vor der auf dem Turiner Salon 1955 vorgestellten Limousine ein schmuckes Coupé mit der für Alfa Romeo mittlerweile typischen Bezeichnung Sprint.

Was den Motor anbelangt, so entscheiden sich die Mailänder – wie schon beim 1900 – für einen Vierzylinder-Querstrommotor mit zwei oben liegenden Nockenwellen zur direkten und getrennten Steuerung der Ein- und Auslassventile. Das repräsentiert den Stand der Technik im Renn- und Sportwagenmotorenbau. Und, als weiterer technischer Leckerbissen, wird das Giulietta-Triebwerk vollkommen aus Aluminium gefertigt. So kann das auf der Vorderachse lastende Gewicht um 40 Kilogramm reduziert werden. In den Alublock sind die Brennräume »nass« eingesetzt. Dank der fortschrittlichen Konstruktionsweise übertrifft die Literleistung des neuen Motors die der versammelten Konkurrenz. Und mit einer Verdichtung von 7,5:1 leistet der

DANK DER GIULIETTA PARTIZIPIERT DIE EDELMARKE AN DER MOTORISIERUNG DER MASSEN

1290 cm³ große Motor bereits in der Limousine 50 PS. Im Sprint sind es erst 65 (8,0:1) und dann 80 (8,5:1), im Sprint Veloce sogar 90 (9,1:1), und für die sportlichen Versionen Sprint Zagato (SZ) und Sprint Speziale (SS) werden gar 100 Pferdestärken (9,7:1) mobilisiert.

Konkret folgt der anfangs in der Limousine angebotenen 50-PS-Version ab 1958 ein Aggregat mit 53 und ab 1961 mit 61 Pferdestärken. 1957 erscheint mit der Giulietta TI (Turismo Internationale) eine kraftvollere Variante mit 65 beziehungsweise (ab 1961) 74 PS. In ihrer Bauzeit bis 1962 beziehungsweise 1964 (TI) erfährt der Viertürer zwei umfangreichere Modellpflegemaßnahmen. 1959, mit Ende der Baureihe 750 und Beginn der Typennomenklatur 101, verschwinden die zuvor in kleinen Höhlen untergebrachten Rückleuchten und machen größeren, aufgesetzten Exemplaren Platz. Und die zuvor in Wagenfarbe gehaltenen »Baffi«, die Kühllufföffnungen links und rechts des Scudetto, erstrahlen in glänzendem Chrom. Den TI erkennen Wissende unter anderem an den mit Gummiauflagen versehenen Stoßstangenhörnern. Beide Versionen erhalten einen von zwei Rundinstrumenten flankierten Bandtachometer anstelle des bisher montierten ovalen Tachometers. Die Modelle für die 1960er-Jahre werden

Auf die Schnelle als Notlösung geboren wird der kompakte Sprint zur Konstante im Modellprogramm.

auf der IAA in Frankfurt 1961 ausgestellt. Neu sind die formatfüllend mit Chrom geschmückte Front sowie die geglätteten Hauben. Und auch die Basisversion trägt fortan die zuvor dem TI vorbehaltenen moderneren Stoßstangen.

Ein Exot bleibt die zwischen 1957 und 1959 gebaute Kombiversion namens Giardinetta beziehungsweise Promiscua. Der Fünftürer ist vielseitig, doch Fahrzeuge dieser Bauart sind damals noch nicht gefragt. So fertigt Karosseriebauer Colli gerade einmal 91 Giardinetta-Versionen. Von der Limousine verlassen dagegen über 130 000 Exemplare (39 057 Giulietta zuzüglich 92 728 TI) das Band in Portello.

Die Giulietta Sprint entsteht sowohl in Turin als auch in Mailand: Bertone fertigt die Karossen, die dann per Lkw über die Autobahn »MiTo« (Milano–Torino) ins Alfa-Werk spediert und dort zum Automobil komplettiert werden; bei Alfa Romeo erfolgt letztlich die Montage von Motor, Getriebe, Fahrwerk und Interieurs.

Im April 1954 ist der neue Alfa Romeo Giulietta Sprint erstmals auf dem Turiner Salon zu bestaunen. Zu jener Zeit sind die Spuren der Bombenangriffe auf das Werk in Portello weitgehend beseitigt und einer optimistischen Stimmung gewichen. Seit zwei Jahren ist der modernisierte Fiat 500 C, der Nachkriegs-Topolino, auf dem Markt und befriedigt die Bedürfnisse der aufkommenden Massenmotorisierung. Das Traumauto der Italiener stammt indes nicht aus Turin, sondern aus Mailand. Aber auch wenn der 1900 Sprint nur noch rund zwei Drittel der herrschaftlichen Alfa Romeo vom Schlage eines 6C 2500 kostet, so ist das für die meisten Italiener immer noch unerschwinglich. Auch Giulietta und Giulietta Sprint sind alles andere als Autos für jedermann. Doch es wächst die Schicht gut verdienender Angestellter, Ingenieure, Selbstständiger, Ärzte oder Apotheker. Und diese wohlhabende Mittelschicht sollte sich schon im eigenen Alfa Romeo sehen können.

Der Entscheidungsfindung auf dem Weg zum neuen Coupé geht eine vom damaligen Alfa-Chef Quaroni erwünschte Wettbewerbspräsentation vorweg. Neben Bertone nehmen auch Boneschi und die von Felice Mario Boano und Luigi Segre geführte Carrozzeria Ghia daran teil. Der unrealistische Boneschi-Entwurf wird verworfen. Dafür sollen Ghia und Bertone das Coupé gemeinsam entwickeln und später auch fertigen. Auf diese Weise erhofft sich Alfa Romeo ausreichende Produktionskapazitäten zu sichern. Doch als sich die Ghia-Eigner Boano und Segre im Streit trennen, entziehen die Mailänder Ghia den Auftrag aus Sorge, den Serienanlauf des bereits im Prototypen-Stadium befindlichen Sprint möglicherwei-

DIE GIULIETTA SPRINT IST EIN VOLLTREFFER – NICHT NUR FÜR ALFA ROMEO UND BERTONE

Der Charme der frühen Jahre: indirekt beleuchtete und gut bestückte Instrumente, ein feingliedriges Lenkrad und der Alu-Vierzylinder mit seinen beiden oben liegenden Nockenwellen.

Zierliche Frontscheinwerfer verleihen den frühen Giulietta Sprint-Modellen der Baureihe 750 einen ganz eigenen Charme.

se zu gefährden. Für Bertone bedeutet der Auftrag den Wandel vom Carossiere zum Automobilproduzenten und sichert damit langfristig das Überleben. Die bisherigen Haus- und Hof-Lieferanten von Alfa Romeo, Touring und Pinin Farina, haben Mitte der 1950er-Jahre ihre Kapazitäten mit der Fertigung des 1900 Sprint (Touring) und Lancia Aurelia Coupé (Pinin Farina) vollends ausgelastet.

Aufsehen erregt der damalige Bertone-Chefdesigner Franco Scaglione zuvor mit Prototypen auf Basis des Alfa Romeo 1900. Bis heute gehören die drei BAT-Mobile 5, 7 und 9 (Berlinetta Aerodinamica Technica) zu den ausgefallensten »Concept Cars« der Automobilgeschichte. Gewisse Ähnlichkeiten mit der bei Weitem nicht derart extravaganten Giulietta Sprint sind indes nicht verwunderlich. Bertone verpflichtet sich zur jährlichen Produktionskapazität von 1000 Exemplaren. Nach Kalkulation von Alfa Romeo sollte diese Stückzahl reichen, um die Markt-

DIE NACHFRAGE ÜBERTRIFFT ALLE ERWARTUNGEN

bedürfnisse zu befriedigen. Tatsächlich sammelt das Standpersonal bereits bei der Messepremiere gut 3000 konkrete Aufträge. Bertone beauftragt kurzerhand Subunternehmer mit der Fertigung von Karoserieteilen und ist so in der Lage, 1955 1415 montierte Karossen auf den Weg nach Mailand zu schicken.

Die frühen Sprint der Baureihe 750 sind gekennzeichnet durch ihre filigranen Scheinwerfer und die ein wenig nackt wirkende Schnauze. 1958 erfährt das Modell eine Überarbeitung, in derem Zuge größere Scheinwerfer und Chromeinsätze seitlich des Scudetto montiert werden. Ab 1959 wird das Modell

Das Scudetto der Giulietta SZ (oben) und ihrer viertürigen Schwester (unten).

Das Instrumentarium der Giulietta SS nebst dem dazugehörigen Maschinenraum.

VON DER BAUREIHE GIBT ES NICHT WENIGER ALS SIEBEN KAROSSERIE-VARIANTEN

intern umgeschlüsselt – wie auch bei der Berlina und dem Spider wird aus der Baureihe 750 der Typ 101. Zu den technischen Vorzügen des 101ers zählt das nun synchronisierte Getriebe, das später auch mit fünf Gängen versehen wird. Weitere Optimierungen, beispielsweise in punkto Wasserpumpe, helfen die Standfestigkeit zu verbessern.

Parallel zur Giulietta Sprint bietet das Werk mit dem Sprint Veloce eine leistungsstärkere Leichtbauversion, die sich nicht nur bei der Mille Miglia bewährt. Durch eine erhöhte Nenndrehzahl, angehobene Verdichtung und zwei 40er Doppelvergaser wird die Leistung auf 90 PS gesteigert. Hauben und Türen aus Aluminium sowie Kunststoffscheiben senken das Gewicht.

Als die Giulietta Sprint Zagato im Lieferprogramm auftaucht, ist sie ebenfalls Mitglied der 101er-Familie. Zuvor fertigt die Carozzeria Zagato einige Coupés in Eigenregie, denn eigentlich ist die SZ ein Zufallsprodukt: Der versierte Rennamateur Leto di Priolo erteilt Zagato den Auftrag, seine verunfallte Giulietta Sprint mit einer leichten und windschnittigen Karosserie wiederherzustellen. Das Ergebnis überzeugt, schließlich erweist sich der Sprint Veloce Zagato (noch mit dem Coupé-Radstand) auf der Piste als nahezu unschlagbar. So wird der Unfallwagen zum Serienvorläufer, und die leichtgewichtige Giulietta SVZ beziehungsweise SZ (mit dem kürzeren Spider-Radstand) wird sportlich wie kaufmännisch ein Erfolg.

Mit der Giulietta erschließt sich die Marke neue Zielgruppen.

Der Promiscua bleibt ein von Colli gefertigter Exot. Die Zeit ist noch nicht reif für gut motorisierte Kombis.

Ursprünglich hat das Werk selbst Pläne für eine aerodynamisch optimierte Sportversion. Das Modell hört auf die Bezeichnung Sprint Speziale (SS), baut auf dem kürzeren Spider-Radstand und ist ebenfalls eine Bertone-Kreation. Anders als das Zagato-Modell ist die Karosserie der SS allerdings – wie auch die des serienmäßigen Sprint – aus Stahlblech gefertigt. Auch wenn die SS dank aerodynamischer Qualitäten die 200-km/h-Marke knackt, hat sie auf der Rennstrecke gewichtsbedingt das Nachsehen. Alfa Romeo positioniert die Sprint Speziale kurzerhand als exklusives Schwestermodell der Giulietta Sprint und hat mit einem Mal drei technisch verwandte, aber charakterlich grundverschiedene 1,3-Liter-Coupés im Programm. Doch es kommt kaum zur Qual der Wahl, schließlich unterscheidet sich das Seriencoupé preislich deutlich von seinen rennsportlichen und luxuriösen Geschwistern. Während die Giulietta Sprint von 1958 bis 1960 mit 14 980 Mark und der Sprint Veloce mit 17 500 Mark in der Preisliste stehen, kostet der SS stolze 22 980 Mark. 1961 sinken die Preise um 2000 bis 3000 Mark auf beispielsweise 19 950 Mark für die SS, beziehungsweise 12 950 Mark für den Sprint. Für die SZ verlangen die Alfa Romeo Händler hingegen 21 950 Mark. Zu diesem Zeitpunkt stehen dann übrigens auch schon die Versionen mit 1,6 Liter Hubraum kurz vor ihrer Markteinführung. Aus Julchen wird Julia, die Giulietta zur Giulia. Und für diejenigen, denen die hubraum- und leistungsstärkeren 1600er dann doch zu teuer sind, taucht 1963 und 1964 mit der 1300 Sprint noch einmal die altbekannte Giulietta Sprint in den Preislisten auf.

Als die 1,6-Liter-Version der Giulietta Sprint vorgestellt wird, steht die Nachfolgerin bereits in den Startlöchern. Doch bevor die Giulia Sprint GT, landläufig auch als »Bertone« bekannt, ab 1963 ihre 15-jährige Erfolgskarriere antritt, erscheint 1962 die mit dem »1600«-Schriftzug geadelte Giulia Sprint im bereits bekannten Outfit. Unter der Haube arbeiten jetzt die 92 Pferde aus der Giulia TI, und die Kraftübertragung ist in fünf Stufen gespreizt. Verzögert wird anfangs noch mit Trommeln rundum. Doch – wie auch der Spider – erhält die Giulia Sprint kurz vor Auslaufen der Produktion Scheibenbremsen vorn spendiert. Kinder, die ihre Nasen an die niedrigen Seitenscheiben plattdrücken, ergattern einen Blick auf eine damals atemberaubende Skalierung: Der Drehzahlmesser reicht bis 8000 U/min und der Tacho endet erst bei 220 km/h. Tatsächlich rennt die Giulia Sprint immerhin Tempo 172. Wer schneller unterwegs sein möchte, dem bietet Alfa Romeo ab 1963 auch die hubraumstärkere Version der Sprint Speziale an. Die Werksangabe für das schnittige Coupé lautet schlicht: »über 200«. Allerdings galoppieren bei Giulia SS auch 112 Pferde unter der flachen Haube. Das sind glatte 20 mehr als in der Giulia Sprint. Das Giulia-SS-Triebwerk ist identisch mit der Giulia Spider Veloce. Eine Veloce-Variante der Giulia Sprint bietet Alfa Romeo nicht an, schließlich stehen Sportfahrern die wettbewerbsoptimierten Modelle Giulietta SZ und – ab 1963 – die kompromisslose Giulia TZ zur Wahl.

Die Giulietta Sprint erfährt eine Reihe von Modellpflegemaßnahmen. Der gitterförmige Schmuck von Kühlergrill und Scudetto kennzeichnet die letzte Serie der Baureihe 101 mit den Modellen Giulietta und Giulia Sprint beziehungsweise 1300 Sprint.

IN DEN WIND GESCHRIEBEN

Die Giulietta Sprint Speziale, kurz SS, basiert auf dem kurzen Radstand des Spider und trägt – im Gegensatz zur Giulietta SVZ und SZ – eine Stahlblech-Karosserie.

UND IMMER WIEDER ZEIGEN SICH DIE GRÖSSEN DES SPORTS MIT DEN ATTRAKTIVEN MODELLEN

Der Giulietta Sprint gelingen drei Klassensiege der bis 1957 ausgetragenen Mille Miglia. Folglich haben sie auch heute ihren festen Startplatz bei der Mille Miglia storicho.

Eher für Genießer als für Racer ist die Giulietta Spider gedacht, mit der die große Nachkriegstradition des Alfa Spider beginnt. Der offene Sportwagen erobert nicht nur den US-Markt im Sturm. Doch den Amerikanern kommt durchaus die Rolle des Geburtshelfers zu. Autohändler und Importeur Max Hoffmann hat seinerzeit ein sicheres Gespür für erfolgreiche Automobile. Seine Ideen beschleunigen die Realisierung neuer Modelle bei verschiedenen namhaften Herstellern. Alfa Romeo gehört auch zu diesem Kreis, denn mit seiner Bestellung von offenen Roadstern auf Basis der Giulietta liefert Hoffmann den Managern in Mailand die passenden Argumente für den Beginn einer Serienfertigung. Die Order aus den USA sind übrigens derart groß, dass die Spider erst mit Verzögerung auf dem Heimatmarkt feilgeboten wird.

Die kompakte Spider wird erstmals auf der IAA 1955 gezeigt und avanciert schnell zum Inbegriff des typisch italienischen Sportwagens der späten 1950er- und frühen 1960er-Jahre. Leichtfüßig, mit exzellenter Straßenlage und einem drehfreudigen Motor wird die auch optisch attraktive Spider ein großer Erfolg. Während Bertone für die Sprint verantwortlich zeichnet, erhält Pinin Farina den Zuschlag für die Spider. Die Technik stammt aus dem gut gefüllten Baukasten und ist identisch mit der der Giulietta beziehungsweise der Sprint und Sprint Veloce. So arbeitet unter der schrägen Motorhaube mit mittig platzierter Chromleiste die 80- beziehungsweise 90-PS-Variante des 1,3-Liter-Doppelnockenwellen-Vierzylinders. Analog zu Limousine und Coupé erfährt auch die Spider den Wechsel von der Serie 750 zur Baureihe 101. Beim offenen Zweisitzer fallen die Änderungen deutlich umfangreicher aus, schließlich wächst der Radstand des ab 1959 gebauten 101ers um fünf Zentimeter. Das kommt nicht nur den Innenabmessungen, sondern auch dem

Die Giulietta Spider ist eine Angelegenheit für zwei. Doch Komfort und Stauraum des quirligen Sportwagens genügen durchaus auch den Ansprüchen für längere Ausflüge.

Auch wenn sportliche Erfolge in erster Linie der Giulietta Sprint Veloce sowie den SVZ und SZ zugeschrieben werden, rennt auch die Limousine durchaus beachtlich – so wie hier bei einem Tourenwagenrennen in Belgien.

Fahrverhalten zugute. Weitere Modifikationen des mit dem damals für Pinin Farina typischen Hüftknick versehenen Spider erfährt das Modell 1961 in Form neuer Heckleuchten mit integrierten Reflektoren sowie neuer Kofferraumscharniere und eines abblendbaren Innenspiegels.

Wie bereits bei der für den Sporteinsatz gedachten Sprint Veloce profitiert das Leistungsvermögen der 1956 eingeführten Spider Veloce von ihren beiden Doppelvergasern sowie der leicht angehobenen Verdichtung und Nenndrehzahl. Optisch lässt sich der zehn PS stärkere Bruder lediglich durch das bis 8000 U/min und 220 km/h reichende Instrumentarium ausmachen. Da die Spider Veloce nicht für den Renneinsatz vorgesehen ist, wird auf kostspielige Leichtbauteile verzichtet.

Neben den Erfolgen der Giulietta SZ auf der Rundstrecke und bei Straßenrennen gehören auch vorzeigbare Resultate bei Rallyes. Hier zirkeln zwei Franzosen das Leichtgewicht zum Klassensieg beim »Coupe des Alpes« 1963.

Als am 27. Juni 1962 eine Schar von Motorjournalisten mit der neuen 1,6-Liter-Limousine namens Giulia bekannt gemacht wird, ist die nun ebenfalls auf den Namen Giulia hörende Spider mit 1,6-Liter-Vierzylinder mit von der Partie. Unter den Augen von Battista »Pinin« Farina, dem Inhaber der gleichnamigen Karosseriebaufirma sowie Onkel des ehemaligen Alfa Romeo-Rennfahrers und Formel-1-Weltmeisters Giuseppe »Nino« Farina, fällt es den Anwesenden nicht leicht, die Giulia Spider von der Giulietta Spider zu unterscheiden. Auf den ersten Blick unterscheidet sich die Giulia Spider von seinem Vorgänger lediglich durch die chromverzierte Lufthutze auf der Motorhaube. Sie verschafft dem Motor mehr Luft – allerdings nicht in Form von Kühl- oder Sauerstoff für den Brennraum, sondern in lichter Höhe für den wegen des größeren Hubs höher bauenden 1600ers.

Die ersten Giulia Spider werden noch mit Trommelbremsen rundum ausgeliefert, doch ab 1964 stellt Alfa Romeo an der Vorderachse auf Bremsscheiben um. Das Fünfganggetriebe ist dagegen bereits ab Serienanlauf 1962 Serie. Und wie schon bei der Giulietta Spider entsteht auch vom 1600er eine Veloce-Version. Auch hier sind Verdichtung und Drehzahl angehoben und zwei Doppelvergaser montiert. Damit steigt die Leistung um 20 auf stolze 112 PS. Das Fahrwerk der Veloce stimmt mit dem der noblen Giulia Sprint Speziale überein.

Links: Die Giulietta Spider Veloce Prototipo Monoposto, mit dem Consalvo Sanesi bei der Mille Miglia 1956 auftaucht. Rechts: Die Giulia Spider unterscheidet sich optisch vor allem durch die Hutze auf der Motorhaube, die dem höher bauenden 1,6-Liter-Aggregat Raum verschafft.

EINSTIEG IN EINE NEUE EPOCHE

Die einzelnen Scheinwerfer kennzeichnen die Modelle mit 1300 Kubik. Der schlichte Grill erscheint 1967 und die großen Türgriffe werden ab 1969 montiert.

ALFA MIT HERZ UND SEELE

Die Giulia hat zahlreiche Verehrer und gilt als Urmeter aller heute bekannten Sportlimousinen. Geht es nach dem langjährigen Alfa-Designer und heutigen Audi-Designchef Wolfgang Egger, so handelt es sich bei der Giulia um einen reinrassigen Sportwagen, »nur eben mit vier Türen. Die Sitzposition ist damals eine Sensation. Die Art, wie sich dir das geschüsselte Lenkrad förmlich entgegenstreckt und deine rechte Hand selbstverständlich den Weg zum Schalthebel findet, faszinierte damals die Autowelt. Das Gefühl, die fünf (!) Gänge ohne lange Schaltwege und aufwendige, präzisionsfeindliche Umlenkkinematik direkt im Getriebe zu sortieren, signalisiert Alfisti bis heute: Hier bist du zu Hause«, so Egger, der seine Handschrift unauslöschlich mit Modellen wie Nuvola, 166, 156 und – vor allem – 8C Competizione in die Markenhistorie hinterlassen hat.

Die klare, im Windkanal optimierte Form »bricht mit der romantischen Linie der Giulietta«, erklärt Egger. »Sie schmeichelt sich sicher nicht in die Herzen.« Doch sie erobert sie im Sturm. In der sachlichen, geräumigen Karosserie arbeitet der nun auf 1,6 Liter erweiterte Leichtmetall-Vierzylinder, dessen Bauart damals typisch für die Architektur leistungsfähiger Rennmotoren ist. Aufwendig ist auch das Fahrwerk mit Einzelradaufhängung vorn und durch Längslenker und Reaktionsdreieck geführter Starrachse hinten.

DIE GIULIA IST EIN SPORTWAGEN MIT VIER TÜREN UND PLATZ FÜR DIE GANZE FAMILIE

Mit der Giulia trifft Alfa Romeo den Nerv. Das Modell vereint die Vorzüge einer zuverlässigen Familienlimousine mit den Fahreigenschaften eines Sportwagens. Und das unverkennbare Design aus dem Centro Stile Alfa Romeo scheint auch zu passen, schließlich bleibt die Giulia stolze 16 Jahre in Produktion. Untermauert wird der Markterfolg von positiven Kritiken fachkundiger Motorjournalisten. Bei Vergleichstests gehört die kernig klingende Limousine fast immer zu den Siegern. Erst in den 1970er-Jahren – die Giulia hat bereits das erste Jahrzehnt hinter sich – erscheinen Herausforderer mit ähnlichem Potenzial auf dem Markt. Die Generation der schnellen Bayern und GTI beschert eine Leistungsinflation in knapp geschnittenen Blechkleidern.

GIULIA TI SUPER
GIULIA TI
GIULIA SUPER
NUOVA GIULIA SUPER

Die frühen Modelle tragen glänzenden Chromschmuck und haben einen eher modischen, weniger sportlichen Bandtacho.

Doch nicht nur die Giulietta wächst zur Giulia. Auch Alfa Romeo wächst einmal mehr. Mit Erscheinen der Giulia beginnt für die Mailänder Marke ein weiteres Kapitel: Das Stammwerk Portello weicht dem neuen, größeren Produktionsstandort Arese und in Balocco entsteht eine Teststrecke, die heute dem gesamten Fiat-Konzern als befahrbares Prüflabor dient. Und auch in Sachen Motorsport stehen – mithilfe des in Settimo Milanese beheimateten Werksrennstalls Autodelta – wieder Großtaten an.

Die Form der Giulia entsteht im Windkanal und weist einen auch heute noch beachtlichen c_w-Wert von 0,34 auf.

Anfangs leistet die Giulia TI 92 PS. Typisch ist damals noch eine durchgängige Sitzbank auch vorn. Für den Sporteinsatz entstehen 1963 501 Exemplare der 112 PS starken und fast 190 km/h schnellen Giulia TI Super. Innen sind Sportsitze und über den Scheibenbremsen rundum schmucke Leichtmetallräder montiert. 1964 baut Alfa Romeo die Modellpalette nach unten aus und bietet mit der 78 PS starken Giulia 1300 eine attraktive Nachfolgerin für die mittlerweile aus der Produktion genommene Giulietta.

MIT DER GIULIA HABEN DIE FAHRZEUGE EINE NEUE GEBURTSSTÄTTE: ARESE

Im Jahre 1964 erscheint die kleinere Giulia 1300 TI mit 82 PS, die im Laufe der Evolution auf 85 (1969) respektive 89 PS (1970) erstarkt. Abermals erweist sich der Baukasten á la Milanese als schier unerschöpfliche Ressource für einen weitverzweigten Stammbaum. Die hubraumkleineren Schwestermodelle lassen sich bis 1972 unter anderem an den Einzelscheinwerfern und etwas spärlicher verwendetem Chromschmuck erkennen. Mit Erscheinen der Giulia 1300 Super anno 1970 halten alle Versionen ein modernes Zweikreis-Bremssystem und hängende Pedale Einzug. Und die Handbremse wandert auf den Mitteltunnel. Fünf Jahre zuvor erscheint die Giulia Super, die die zuvor den Sportversionen vorbehaltenen zwei Doppelvergaser einer größeren Klientel zugänglich macht. Und auch 98 PS sind ein gewichtiges Argument, das erst vier Jahre später durch eine Leistungssteigerung auf 102 Pferdestärken getoppt wird. Neu sind jetzt ein synchronisiertes Getriebe, der einteilige Schalthebel und die hydraulische Kupplung sowie ein Bremsstabilisator an der Hinterachse. Von außen ist dieser Jahrgang durch neue Stoßstangen zu erkennen. Alfa Romeo gibt die Höchstgeschwindigkeit des 1962 gezeigten 1,6-Liters mit »über 165 km/h« an, später, mit 98 PS, liegt sie »über 175 km/h«. Diese Werte nennt das Haus auch für die 1300er. Neben der dementsprechenden Motorleistung trägt in erster Linie die auf den ersten Blick gar nicht so aerodynamisch anmutende Karosserie die Verantwortung für die hervorragenden Sprinterqualitäten. Die Giulia trägt das weltweit erste im Windkanal entwickelte Serien-Blechkleid. Der c_w-Wert von

Die Rückbank bietet zwei einzeln ausgeformte Sitze und eine ausklappbare Mittelarmlehne.

Die Nuova wird des charakteristischen knochenförmigen Knicks im Kofferdeckel beraubt.

0,34 ist heute noch respektabel. »auto motor und sport« spricht von einer »... Überlegenheit, die man nur mit Maßen ausnutzen darf, wenn man nicht die übrigen Verkehrsteilnehmer (...) ängstigen will«.

1974 wird das Karosseriekleid der Giulia geglättet. Die Fronthaube kommt fortan ohne mittige Bügelfalte aus und der Kofferraumdeckel ohne die charakteristische, knochenförmige Einbuchtung. Ein kräftiger, schwarzer Kunststoffkühlergrill nimmt die jetzt identisch dimensionierten Doppelscheinwerfer auf. Dazu kommen noch schmalere Chrom-Stoßstangen mit gummibelegten Hörnern und ein modernisiertes Interieur mit hölzerner Mittelkonsole und blaugrundigen Instrumenten, die sich hinter einem tief geschüsselten Holzlenkrad verstecken. Fahrer und Beifahrer sitzen nun auf Sesseln mit herausdrehbaren Nackenstützen. Mit der neuen Typenbezeichnung Nuova Giulia Super dokumentiert Alfa Romeo das umfassende Facelift. Technisch bleibt indes alles beim Alten.

Ab 1976 steuern einige wenige Giulia-Fahrer auf einmal Diesel-Zapfsäulen an. Die Front mit Kunststoffgrill und Doppelscheinwerfern identischer Größe kennzeichnet die »Nuova«.

Gänzlich neue Töne schlägt allerdings die lediglich 1976 produzierte Giulia Diesel an: laut nagelnd und sich raubeinig schüttelnd. So versuchen die Mailänder, mit dem zuvor im Alfa Transporter F12 montieren 55 PS starken Vorkammer-Diesel-Aggregat der Marke Perkins eine Antwort auf die Energiekrise und Benzinknappheit der 1970er-Jahre zu geben. Der Freundeskreis für diesen lauten (trotz fünf Kilo Dämmmaterial im Motorraum) und undynamischen Alfa Romeo bleibt allerdings klein. Nach 6537 Exemplaren des gerade einmal 138 km/h schnellen Viertürers ist Schluss. So langsam waren zuletzt die Mitte der 1930er-Jahre produzierten, eher schmucklosen Versionen des 6C 2300 B Turismo, die mit 70 PS auskommen und auf einen leistungssteigernden Kompressor verzichten müssen. Positiv zu vermerken ist jedoch der mit durchschnittlich 6,85 l/100 km bei Tempo 100 für damalige Verhältnisse geringe Kraftstoffverbrauch des Selbstzünders. Bei der Giulia 1300 gibt Alfa Romeo 8,1 Liter (bei einem Durchschnitt von 90 km/h) beziehungsweise 10,0 Liter bei durchschnittlich Tempo 120 an. Alfa Romeo preist damit den Verbrauch auf dem Niveau von Kleinwagen. Mit Sicherheit ist das nicht das Hauptargument für die Benzinversionen, die erst 1978, nach 16 Jahren und exakt 572 646 Exemplaren, von der Nuova Giulietta abgelöst werden. ♣

DER DIESEL IST EINE REAKTION AUF ENERGIEKRISE UND HOHE BENZINPREISE

ZEITLOSER TRAUMWAGEN

GIULIA SPRINT GT
SPRINT GT VELOCE
GT JUNIOR 1300/1600
GIULIA SPRINT GTA
GTA 1300 JUNIOR
1750/2000 GT VELOCE
1750 GTAM
JUNIOR ZAGATO 1300/1600
GTC

Auch das Coupé aus der Giulia-Baureihe 105/115 erfreut sich eines großen Freundeskreises. Es bleibt 13 Jahre in Produktion, zeitweilig auch parallel zu seinem Vorgänger beziehungsweise Nachfolger.

Ende 1963 kommt der Giulia Sprint GT als Nachfolger der Giulietta beziehungsweise Giulia Sprint auf den Markt. Der Entwurf stammt einmal mehr von Bertone, diesmal aus der Feder des damaligen Chefdesigners Giorgetto Giugiaro. Einen Ausblick auf die Linienführung des Giulia Sprint GT geben ja bereits der 2000 Sprint und 2600 Sprint, doch bei dem Entwurf auf Basis des Giulia-Baukastens sitzt jeder Strich. Das schmucke Coupé wird auf einen Schlag zum Traumwagen. Und dank der breiten Modellpalette von 1300 über 1600 und 1750 Kubik bis hin zu zwei Litern und den Leistungssportlern namens GTA und GTAm sowie seiner langen Bauzeit kommen nicht wenige Studenten in den Genuss des (Gebraucht-)Wagens.

Den Anfang macht 1963 der Giulia Sprint GT mit 1,6 Litern Hubraum und 106 PS. Typisch ist mittlerweile die Kraftstoffaufbereitung – wie auch bei all seinen Vettern im identischen Kleid – mittels zweier Doppelvergaser. 1965 folgen eine identisch motorisierte Cabriolet-Version mit der Bezeichnung GTC und der zum Mythos reifende GTA. 1966 wird die Motorleistung auf 109 Pferdestärken aufgestockt. Das reicht den Marketingstrategen in Arese, um den Sprint GT mit dem Zusatz Veloce (italienisch für »schnell«) zu schmücken. Ebenfalls 1966 bietet Alfa Romeo mit dem 1300 Junior ein Einstiegsmodell. Die Idee preislich interessant gestalteter Einstiegsmodelle stößt bei der Kundschaft auf Gefallen.

Dementsprechend erhält die Bezeichnung Junior Einzug ins gängige Alfa-Vokabular. So hört der Sprint GT ab 1972 beziehungsweise 1974 auf den Namen GT 1600 Junior und GT 1300 Junior. 1968 erscheint mit dem GTA 1300 Junior ein auf die kleinere 1,3-Liter-Hubraumklasse und etwas schmalere Geldbeutel zugeschnittenes Sportmodell. Mit dem Junior Zagato bietet Alfa Romeo ab 1970 die bereits bekannte Technik in einem vollkommen neuen, avantgardistischen Outfit an. Der keilförmige Exot aus der Werkstatt der Carozzeria Zagato ist anfangs mit dem 89 PS starken 1300er ausgerüstet. 1972 folgt dann der 1600 Junior Za-

1971 erscheint der »Junior« mit einzelnen Scheinwerfern in der geglätteten Front.

Die ursprüngliche Version des Giulia Sprint GT trägt den Spitznamen »Kantenhaube«.

Die Öffnungen unterhalb des Kühlergrills sind dem GTA vorbehalten (links), das opulente Cockpit gehört einem 1750 GT Veloce und erscheint 1967 einhergehend mit der glatten Front.

Viele GTA-Nutzer verzichten aus Gewichtsgründen auf Stoßstangen an dem gerade einmal Kilo 745 schweren Renner.

DAS COUPÉ WIRD BEKANNT ALS »BERTONE« UND BLEIBT VON 1963 BIS 1976 IN PRODUKTION

gato, der sich durch ein leicht längeres Heck, den linksseitigen Tankeinfüllstutzen und modernere Heckleuchten von seinem kleinen Bruder unterscheidet, zur Seite. Anders als die Giulietta SZ oder Giulia TZ ist der Junior Zagato nicht als Rennsportgerät konzipiert. Eines seiner interessanten Details ist das elektrisch zu öffnende Heckfenster. Allerdings vermag die mittig mit einem Stift fixierte Scheibe wegen Klappergeräuschen ebenso an den Nerven zu zehren, wie die nicht immer ideale Ersatzteilversorgung des Exoten. Von Autodesignern geliebt ist die Frontgestaltung mit ihrer, die komplette Wagenbreite umspannenden Plexiglasfront, hinter der sich die Alfa-typischen Doppelscheinwerfer verbergen. Zagato-Stylist Ercole Spada nimmt mit der modernen, keilförmigen Linienführung den Stil einer Reihe von erst Jahrzehnten später erscheinenden kompakten Fahrzeugen vorweg.

Bereits 1967 wird auch die neue 1750er-Maschine im »Bertone« montiert. Der 1750 GT Veloce begeistert durch seine harmonische Verbindung von Drehmoment und Leistung. Mit dem 1750 GT Veloce erhält der »Bertone« nicht nur ein neues Armaturenbrett mit zwei nun in »Höhlen« wohnenden Hauptinstrumenten, sondern auch eine überarbeitete Frontpartie. Anstelle der abgesetzten »Kantenhaube« und der beiden nach innen versetzten, großen Scheinwerfer ist die Haube nun geglättet, und darunter liegen Doppelscheinwerfer. Der Junior muss dagegen auf die kleineren, inneren Zusatzscheinwerfer verzichten. 118 PS sind damals ein Wort, doch noch nicht das Ende der Fahnenstange. Mit zwei Liter Hubraum markiert der ab 1971 lieferbare 132 PS starke 2000 GT Veloce mit 132 PS die Spitze der Modellpalette. Eine größer dimensionierte Bremsanlage gehört ebenso zum Lieferumfang wie die teilweise gesperrte Hinterachse. Der 1971 erscheinende 2000 GT Veloce ist an seinem gerippten Scudetto und neuen, größeren Heckleuchten identifizierbar. Auch der Armaturenträger ist überarbeitet: ganz à la mode mit üppig verwendetem schwarzen Kunststoff.

Anders als sein Vorgänger wird der »Bertone« vollends in Arese gefertigt. Lediglich GTA und GTC entstehen in den Hallen von Autodelta beziehungsweise Touring. Das ist auch der Grund für das frühe Produktionsende des bis 1966 gerade einmal 1000-mal produzierten zweipluszweisitzigen Cabriolets. Mit dem Konkurs der Carozzeria Touring ist für Open-Air-Freunde nur noch der deutlich knapper geschnittene Spider zur Verfügung, denn auch der ebenfalls bei Touring karossierte 2600 Spider verschwindet aus dem Modellprogramm.

Für Alfa Romeo sind es goldene Jahre. In Deutschland trägt die Gründung einer eigenen, in Frankfurt ansässigen Importgesellschaft der großen Nachfrage Rechnung. Und mit einer nicht enden wollenden Erfolgsserie wird das Coupé in Gestalt des GTA zu dem Imageträger schlechthin. Die Idee zu einem leichtgewichtigen Technologieträger im Kleid des jungen Seriencoupés ist gemeinsame Sache von Alfa-Chef Orazio Satta Puliga und Motorsportgröße Carlo Chiti. Das neue Modell ist für den Sporteinsatz bestimmt. Es soll die Giulia Super TI ersetzen und im Tourenwagensport auftrumpfen. Damit stehen die Eckpfeiler für die damals notwendige Kleinserie, mit deren Homologation die Zulassung des jeweiligen Typs für den Renneinsatz erzielt wird.

MIT DEM GTA ENTDECKT A.L.F.A. DIE ERSTMALS 1914 EINGESETZTE DOPPELZÜNDUNG NEU

Im bereits 1963 präsentierten TZ1 (Tubolare Zagato – als Hinweis auf den verwendeten Gitterrohrrahmen) experimentieren die Techniker bereits mit den neuen Motoren des GTA. Aus den 1570 cm³ des Alu-Vierzylinders zaubern sie gut 170 PS. Unter der Haube des auf dem Nürburgring, in Le Mans, Monza und Sebring sowie bei der Tour de France und Targa Florio erfolgreichen Sportwagens arbeitet ein Motor, der im Giulia Sprint GTA für Furore sorgt und dessen Technik für Jahrzehnte typisch wird für die Alfa Romeo Vierzylinder: TwinSpark. Die Doppelzündung, seit 1987 bei den Reihen-Vierzylindern von Alfa Romeo kaum wegzudenken, kommt erstmals 1914 bei der Konstruktion des ALFA Grand Prix-Rennwagens zum Einsatz. Später nutzen auch Maserati, Ferrari und Porsche diese Technik, um das Benzin-Luft-Gemisch im Brennraum effizienter zu nutzen und dem Triebwerk auf diese Weise mehr Leistung zu entlocken.

Das mit den Linien des Grills durchbrochene Scudetto schmückt den 1972 erscheinenden 2000 GTV.

MIT DEM JUNIOR TRIFFT ALFA ROMEO INS SCHWARZE

1965 wird der serienmäßig 115 PS starke und gerade einmal 745 Kilogramm schwere GTA in Amsterdam vorgestellt. Alfa Romeo zeigt sich selbstbewusst. Auch in Bezug auf den Preis. Der liegt über der Hälfte eines ausgewachsenen Ferrari: Während der GTA 2 995 000 Lire kostet, verlangt Ferrari für den zwölfzylindrigen 275 GTB 5 750 000 Lire. Bis 1967 fertigt Autodelta 493 GTA, 50 davon als Rechtslenker.

Optisch ist die Sportversion in erster Linie durch die filigranen Türhaken, die großen Lufteinlässe unterhalb des Frontgrills und die 6x14«-Magnesium-Felgen von Campagnola vom günstigeren Coupé zu unterscheiden. Beim Blick ins Interieur lassen sich neue Schalensitze, ein abgespecktes Cockpit sowie ein neues Holzlenkrad ausmachen. Den wesentlich sparsameren Einsatz von Dämmmaterial nehmen hingegen nur die Insassen wahr. Sie pilotierten ein Coupé mit aufsehenerregendem Leistungsgewicht. Dank einer auf das herkömmliche Stahlskelett aufgenieteten Leichtmetall-Karosserie und hinterer Plexiglasscheiben bringt der GTA 205 Kilo weniger auf die Waage als die optisch identische Großserienversion. Dabei ist das nunmehr mit zwei 45er Weber-Doppelvergasern (statt der sonst üblichen 40er Versionen) lediglich fünf km/h schneller. Allerdings erleben die GTA-Insassen dafür beispiellose Sprinterqualitäten im kürzer übersetzten Coupé.

Das Stahlskelett ist notwendig, da sich die Aluminium-Karosserie als äußerst fragil erweist. Erst später verwendet Autodelta für rund 100 Fahrzeuge auch Bodenbleche und Kofferraumböden aus Leichtmetall. Allerdings zeigen sich diese den über die Hinterachse eingehenden Belastungen nicht wirklich gewachsen. Erst als die Fahrzeuge nach und nach mit versteiften Überrollbügeln ausgerüstet werden, wird auch über eine neuerliche Verwendung der knitterempfindlichen Bodenbleche nachgedacht.

Auch wenn den Käufern optisch nichts Neues geboten wird, bewegen sie doch ein einzigartiges Fahrzeug, das sich trotz Leichtbau und technischer Finesse auch für den Straßeneinsatz eignet. Der sportlichste aller »Bertone« vermag, praktisch als Wolf im Schafspelz, im Straßenverkehr Fahrspaß pur zu gewähren. Die Freude kann jedoch durch die korrosionsanfällige Karosserie, die leicht verkratzenden und anlaufenden Kunststoffscheiben oder einfach nur die mitunter problematische Versorgung mit den – wenn lieferbar – sündhaft teuren Ersatzteilen getrübt werden.

Wer einen guten Draht zu Autodelta pflegt, kann hier aus einer endlos langen Liste rennsporttauglicher Kostbarkeiten wählen. Dazu gehören auch Innovationen, wie beispielsweise ölgetriebene Turbolader oder (ab Anfang der 1970er-Jahre) Einspritzanlagen. Als der ab Werk 96 PS leistende GTA 1300 Junior im Sommer 1968 vorgestellt wird, attestieren die Tester unisono deutliche Verbesserungen in Sachen Fahrkomfort. Tatsächlich

1965 nutzt Gastgeber Fürst Rainier einen der insgesamt 1000 GTC zur Abnahme der Strecke beim Monaco-GP. Das frühe Ende des bei der Carrozzeria Touring gefertigten GTC ist der Insolvenz des Karosseriebauers geschuldet.

Zagato-Designer Ercole Spada gestaltet die futuristische Form des Junior Zagato, bei dem sich die Scheinwerfer hinter der großflächigen Plexiglasfront verbergen. Der abgebildete 1600 Junior Zagato unterscheidet sich durch das längere Heck und den – wie bei der Giulia auch – links angebrachten Tankdeckel von seinem hubraumschwächeren Schwestermodell.

verbessern die Alfa Romeo-Ingenieure einige Punkte am GTA-Fahrwerk und versehen den Junior mit einer üppigeren Schalldämmung. Den Gewichtsnachteil von rund 15 Kilo nehmen sie in Kauf, schließlich freuen sich die Insassen über den Komfort, und Sportfahrer räumen das Dämmmaterial einfach aus. Auch der GTA 1300 Junior ist ausschließlich in Biancospino und Rosso Alfa lieferbar. Neu sind hingegen seitliche Zierstreifen mit Kleeblatt sowie die Schlange auf der Haube – passend zur gewählten Farbe entweder in kräftigem Grün oder schlichtem Weiß.

Im Sommer 1968 – zwei Jahre nach Vorstellung des »zivilen« GT 1300 Junior und verschiedenen Versuchen seitens Autodelta mit dem »Stahl-Auto« – erobert der neue GTA 1300 Junior dann auch auf der Piste die 1300er-Klasse. In einigen Punkten, wie beispielsweise der serienmäßigen Ausrüstung mit Stahlrädern, scheint der Junior weniger konsequent als sein großer Bruder. Doch mithilfe verschiedener Positionen aus dem Autodelta-Angebot an Modifikationen und Tuningteilen lässt sich auch der kleine GTA für den Renneinsatz und in den zur Verfügung stehenden Finanzrahmen maßschneidern. Der Griff ins Großserienregal kommt dem Einstiegspreis zugute, der 1969 mit 17 900 Mark immerhin 3800 Mark unter dem des GTA 1600 liegt. Bis 1973 klettert der Preis in Deutschland allerdings auf 20 000 Mark. Damit kostet der GTA 1300 Junior fast doppelt so viel wie ein BMW 2002 und fast 5000 Mark mehr, als Alfa Romeo für den optisch zum Verwechseln ähnlichen GT 1300 Junior verlangt. Und Porsche-Kunden investieren gerade einmal knapp 2000 Mark mehr für den Kauf eines 911 T. Doch als Ladenrenner ist das limitierte Coupé nicht gedacht. Und so bereitet der stolze Preis dann auch dem Erfolg des sportlich geprägten 1,3-Liters keinen Abbruch. Von dem Fahrzeug entstehen zwischen 1968 und 1975 492 Exemplare, 100 davon mit mechanisch gesteuerter Benzineinspritzung.

»… und hoch das Bein«. Ein GTA im leichten Drift über die Nordschleife des Nürburgrings.

Als die Vierzylinder-Reihe 1967 um eine 1750-Version erweitert wird, erfährt auch der sportlichste Sprint eine Überarbeitung. Statt der »Kantenhaube« und der leicht nach innen versetzten, großen, einzelnen Scheinwerfer der ersten Sprint-Serie schmückt sich der GTAm mit den Doppelscheinwerfern und dem glatten Motorhaubenabschluss des umfassend überarbeiteten Coupés. Dabei steht das »m« für maggiorata (Italienisch für erweitert), beziehungsweise (in Verbindung mit dem »Am«) als Hommage an den US-Markt, auf dem Alfa Romeo ebenfalls große Markt-Erfolge feiert. Anders als beim klassischen GTA sind die Karossen der rund 40 mit zwei Liter Hubraum rennenden GTAm allerdings aus Stahlblech gefertigt. Lediglich die dicken Backen, die auch bei verschiedenen GTA üppige Reifenbreiten auf schnell laufenden 13-Zoll-Rädern verbergen, sind aus glasfaserverstärktem Kunststoff laminiert. Auf das Konto von GTA und GTAm gehen übrigens nicht weniger als zehn Tourenwagen-EM-Titel sowie 51 weitere europäische, amerikanische und nationale Titel und eine unüberschaubare Zahl einzelner Siege. 🍀

GIULIA T.Z.

GIULIA TZ
GIULIA TZ2

DIE TUBE VON ZAGATO

Z wischen 1963 und 1967 bietet Alfa Romeo mit einem reinrassigen GT ein attraktives Sportgerät. Unter der schicken, windschnittigen Karosserie mit dem signifikanten, nach Erkenntnissen des Aerodynamikers Wunnibald Kamm geformten Abrissheck verbirgt sich ein Gitterrohrrahmen. Und die servicefreundlich großformatige, nach vorn aufschwenkbare Motorhaube gibt den Blick frei auf den – leicht geneigten und als Frontmittelmotor montierten – aus der Giulia SS bekannten Alu-Vierzylinder mit Doppelvergasern und 112 PS. Ein interessantes Detail sind die aus Gewichtsverteilungsgründen hinten unmittelbar am Differenzial montierten Scheibenbremsen. Auch die doppelten Dreiecksquerlenker vorn sind Renntechnik pur.

Bereits 1959 machen sich die Mailänder Gedanken über einen Nachfolger für die erfolgreiche und fortwährend weiterentwickelte Giulietta SZ. 1960 beginnen die ersten Arbeiten an Prototypen, die ab 1961 für erste Testfahrten zur Verfügung stehen. Durch die Produktionsvorbereitungen für die neuen Modelle 2600 und Giulia taucht

Die Details des Giulia TZ geben Aufschluss über sein bevorzugtes Terrain, die Rennstrecke. Haubenverschlüsse sind Pflicht, Schnelltankdeckel ebenso vorteilhaft wie eine schnelle und großflächige Möglichkeit, dem Motor zu Leibe zu rücken. Der TZ2 (Foto rechts) kommt flacher daher als sein Vorgänger.

TZ UND TZ2 SIND FAHRZEUGE FÜR KLASSENSIEGE, SO WIE 1966 BEI DER TARGA FLORIO

der Sportwagen erst 1963 in den Preislisten auf. Ursprünglich ist der laute Zweisitzer auf den Namen GTZ (für Gran Turismo Zagato) getauft. Als er dann in den Ergebnislisten verschiedener Veranstaltungen auftaucht, ist er jedoch längst als Giulia TZ (Tubolare Zagato) bekannt.

Der TZ entsteht als reinrassiger Rennsportwagen. Analog zum GTA erhalten spätere Modelle auch Motoren mit Doppelzündung. »Tubolare Zagato« steht für den sich unter der Aluminium-Karosserie verbergenden Gitterrohrrahmen und die Produktionsstätte. Bei der Carrozzeria Zagato in Rho bei Mailand werden die Gitterrohrrahmen geschweißt und mit Aluminiumkarossen versehen. Die letzten Modelle des TZ erhalten eine nochmals leichtere Kunststoffkarosserie, die für den TZ2 obligatorisch wird. Bereits die späten Modelle des Vorgängers, der Giulietta SZ, verfügen über das sogenannte Kamm-Heck. Im Italienischen hört das effektive Abrissheck schlicht auf die Bezeichnung Coda Tronca.

Anfangs ist der Sportwagen als Roadster angedacht. Zagato-Designer Ercole Spada entwirft dann die stromlinienförmige Linie mit dem lang auslaufenden, sich nach hinten verjüngenden Fahrzeugkörper sowie den markanten seitlichen Seitenscheiben hinter der stämmigen B-Säule. Die Spoilerlippe auf der Oberkante des eingeschnittenen Abrisshecks ist von Beginn an Standard. Der 1962 in Turin gezeigte Prototyp hat allerdings noch rechteckige Frontscheinwerfer, wie sie dann beim 2600 SZ zu sehen sein werden. Sie verschwinden zugunsten klassischer Rundscheinwerfer, die sich unter aerodynamisch günstigen Kunststoffabdeckungen verstecken.

Hochwertige Details, wie die Campagnolo-Leichtmetallfelgen oder der kleine Spoiler, hinter dem sich der Scheibenwischer versteckt, verzücken nicht nur Rennsportfans. Weitaus extremer ist jedoch der erstmals im Oktober 1964 in Turin gezeigte TZ2. Er ist 40 Kilo leichter, geduckter, breiter und wirkt ungleich aggressiver als der TZ1, dem er fortan zur Seite steht. Die Heckscheibe ist nun einteilig, die Front stärker von Kühlluftöffnungen durchbrochen. Und unter der flachen Haube des athletischeren Bruders arbeiten jetzt 165 PS.

Bereits der TZ erweist sich als erfolgreicher Motorsportler und sammelt Klassensiege bei der Tour de France, in Sebring, Le Mans, auf dem Nürburgring und bei zahlreichen weiteren Veranstaltungen. Der kompromisslose TZ2 tritt erfolgreich in seine Fußstapfen. Doch er ist nicht mehr länger nur auf Klassensiege abonniert, sondern katapultiert seine Piloten – wie beispielsweise 1966 bei der Targa Florio – auch im Gesamtklassement auf das Podium.

Noch aufwendiger als das Nachverfolgen der sportlichen Erfolge ist die Feststellung der exakten Produktionszahlen. Mit der Buchführung nehmen es die damaligen Chronisten offensichtlich nicht so genau. Das mag auch im verschleißintensiven Rennstreckengebrauch begründet liegen. Insgesamt entstehen wohl 124 TZ, inklusive einem Dutzend TZ2 sowie der Concept Cars von Bertone/Giugiaro (Canguro) und Pininfarina (Giulia Sport). Andere Quellen listen insgesamt 117 TZ-Chassisnummern beziehungsweise sprechen von 100 produzierten TZ, zuzüglich 12 TZ2. 🍀

Der TZ2 ist eine klassische Evolution des Urmodells. Er kauert tiefer auf dem Asphalt, die Räder sind tiefer in die leichte Karosserie »gefräst« und die Heckscheibe verzichtet auf die markanten Längsstreben der Ursprungsversion.

GENERATIONS-ÜBERGREIFENDE OFFENHEIT

1600 SPIDER (DUETTO)
1750/2000 SPIDER VELOCE
SPIDER 1300/1600 JUNIOR
SPIDER 1.6/2.0

Generationen erleben im Spider die Sinnlichkeit des Autofahrens. Und insgesamt vier Spider-Generationen bescheren dem offenen Sportwagen eine rekordverdächtige Produktionszeit von 27 Jahren. Als der neue Spider 1966 auf der Bildfläche erscheint, ist die Öffentlichkeit schockiert. Krass bricht seine futuristisch schlichte Formgebung mit der romantischen Linienführung seiner Vorgänger Giulietta und Giulia Spider. Doch die neue, abermals von Pininfarina gefundene Form erweist sich als Treffer. Ein Product-Placement im Hollywood-Streifen »The Graduate« (»Die Reifeprüfung«) macht den Wagen ab 1967 auch in den Staaten schnell bekannt.

DER SPIDER IST EIN TRAUMWAGEN FÜR GENERATIONEN

Schnell findet der flunderflache Sportwagen mit den unter windschnittigen Kunststoffkuppeln steckenden Scheinwerfern einen festen Freundeskreis. Und das für eine lange Zeit; schließlich wird der Spider in seiner jahrzentelangen Produktionszeit lediglich maßvoll modernisiert. Damit hält Alfa Romeo selbst in den Jahren, in denen Cabriolets und Roadster wegen zunehmend strengerer Sicherheitsvorgaben vom Aussterben bedroht sind, dem Spider stets die Treue und sichert den Fortbestand dieser Spezies. Das knapp geschnittene, ungefütterte Verdeck ist ein Muster in punkto Bedienfreundlichkeit. Nach Entriegeln der beiden am Windschutzrahmen eingehakten Verschlussriegel lässt es sich mit einem einfachen Wurf aus der Schulter einhändig zurückklappen – und der Fahrer kann dabei sitzen bleiben. Und auch das manuelle Schließen gelingt leicht aus dem Sitzen heraus. So bleibt eine elektrische Verdeckbetätigung über die Modellgenerationen hinweg überflüssig. Für den Winter gibt es von Anfang an ein Hardtop, dessen Optik für den »Spoiler-Spider« mittels eines überrollbügelartigen Blechstreifens aufgefrischt wird.

Der Spider gehört zur Baureihe 105/115 und basiert damit auf dem Baukasten der Giulia beziehungsweise des Giulia Sprint GT. Während die viertürige Giulia über einen Radstand von 2510 Millimetern verfügt, misst der Abstand von Radmitte der Vorderachse zur Radmitte der Hinterachse beim Giulia Sprint GT 2350, beim Spider gar nur 2250 Millimeter. Damit ist er identisch mit dem Radstand der Giulietta/Giulia Spider der Baureihe 101. Und wie sein Vorgänger erhält das erste Modell der neuen Baureihe den Doppelnockenwellen-Leichtmetall-Vierzylinder mit 1570 cm³ Hubraum mit jetzt 109 PS. Hierzulande erhält er den Spitznamen »Rundheckspider«. In Italien wird er wegen seiner außergewöhnlichen, zuvor bereits bei Pininfarina-Prototypen auf

DUSTIN HOFFMANN ALIAS BENJAMIN BRADDOCK IST DER ERSTE PROMINENTE AM STEUER EINES SPIDER

Das Fastback (Foto linke Seite) ist 14 Jahre aktuell. Zwischenzeitlich (1974) macht sich Pininfarina Gedanken über mögliche Retuschen. Sie münden in der 1983 erscheinenden »Gummi-Lippe«.

Der klassische Entwurf des »Duetto« ist das »Rundheck«.

Basis des 6C 3000 und der Giulietta zu bewundernden Heckform »Osso di Sepia« genannt. »Osso di Sepia« steht für den Schulp des Tintenfischs, der seinen Weg als geeignetes Werkzeug zum Schnabelwetzen in die Vogelkäfige der Welt gefunden hat. Spötter nannten ihn auch »Gummiboot«. Die Vielzahl verschiedener Spitznamen motiviert die Marketingspezialisten aus Mailand, mithilfe eines Wettbewerbs einen neuen Namen zu suchen. Neben zahlreichen unsinnigen Bezeichnungen (Al Capone, Gin, Lollobrigida, Lucia, Pizza, Sputnik oder Stalin) gehört auch »Duetto« zu den Vorschlägen.

Wie auch beim Coupé baut Alfa Romeo die Modellreihe mit neuen Motoren aus. So erhält der Duetto 1967 den leistungsstärkeren 1750er-Motor mit 118 PS und das Appendix »Veloce«, das auf die nun bei 190 km/h liegende Höchstgeschwindigkeit hinweisen soll. 1968 erscheint mit dem Spider 1300 Junior ein Einstiegsmodell mit 89 PS und einfacher gehaltenem Interieur. Im Jahr darauf erfährt der Spider seine erste umfassendere Überarbeitung, bei der der doch gewöhnungsbedürftige Heckabschluss einem modischen Abrissheck weicht. »Fastback« lautet der Name für die schlichter gehaltenen neuen Modelle, bei denen auch der Komet über dem Scudetto weggeschliffen und der Dreiklang aus Scudetto und Stoßstangenhälften dynamischer gestaltet wird. Die Fastback-Karosserie bleibt bis 1983 unangetastet. Ab 1971 gehört auch das Zweiliter-Aggregat zum Modellportfolio. Mit dem Modell wandern Tacho und Drehzahlmesser in zwei einzelne Schalen, die für zahlreiche spätere Sportwagen als Vorbild sportlichen Interieurstylings fungieren.

Das Gummiornat des »Aerodinamica« stößt nicht auf Gegenliebe, doch behält der Spider – als einer der wenigen damals angebotenen offenen Sportwagen – stets eine große Fangemeinde.

Mit dem 1989 erscheinenden »Classico« beseitigt Alfa Romeo die formalen Sünden der Spoiler-Ära.

DUETTO UND NICHT PIZZA, SPUTNIK, GIN ODER AL CAPONE

Auch wenn das Abrissheck die Gesamtlänge um 13 Zentimeter kürzt, wächst doch das Volumen des besser nutzbaren Kofferraums. Ein Raumwunder wird der knapp geschnittene Sportwagen natürlich auch dadurch nicht. Doch lassen sich Reisetaschen gut in dem ursprünglich mit Sitzmulden ausgeformten Abteil hinter den beiden Sportsitzen verstauen. Neben den klassischen Stahlfelgen mit alfatypischem Lochdesign erfreuen sich Campagnolo-Leichtmetallräder mit filigranem Turbinendesign großer Beliebtheit.

Auch der Duetto mit Hardtop macht eine gute Figur im Schnee. Ein Geheimnis bleibt indes, wo die Schöne ihre Ski zu verstauen gedenkt.

Die Einstiegsversion wird ohne die aerodynamisch günstigen Plexiglas-Scheinwerferabdeckungen ausgeliefert. Und auch das neue Armaturenbrett bleibt vorerst den hubraumstärkeren Modellen vorbehalten. Bereits 1974 experimentieren die Designer im Hause Pininfarina (mit mittlerweile in einem Wort geschriebenen Firmennamen) erneut mit dem Spider. Doch im Sinne eines grundlegenden Facelifts verbessern lässt sich das Modell nicht. So zeigt Pininfarina eine Studie mit auffälligem Front- und Heckspoiler und setzt mit kontrastierend lackierter Sicke in der Fahrzeugflanke einen Farbakzent. Jahre später, als das Thema Facelift dann doch noch einmal zum Arbeitsauftrag wird, erinnert sich Pininfarina an diesen Entwurf. Ergebnis ist der 1983 vorgestellte Spider mit Spoilern an Front und Heck sowie voluminösen

Heiserer, kraftvoller Klang, harmonische Linien und darüber ein nicht enden wollender Himmel – der Traum von einem Fahrzeug.

DER SPIDER BLEIBT EWIG JUNG UND IMMER AKTUELL

Stoßfängern und als Stoßfläche geformten Gummi-Scudetto. Auch der Volksmund bezeichnet den auf den damaligen Zeitgeist getrimmten »Spider Aerodinamica« verächtlich als »Spoiler-Spider«. Die Scheinwerferabdeckungen sind passé.

Als dann 1986 auch noch die kleinen Chromspiegel unförmig großen, dafür aber von innen verstellbaren Außenspiegeln weichen und die eisbecherartigen Instrumententräger durch ein großes Kombiinstrument ersetzt werden, ist das Kunststoffzeitalter vollends eingeläutet. Auf einigen Märkten wird dann auch noch eine rundum mit in Wagenfarbe lackierten Kunststoffschwellern versehenes Modellversion namens »Quadrifoglio Verde« angeboten. Dem deutschen Markt bleibt dieses Spitzenmodell mit glattflächigen 15-Zoll-Alufelgen jedoch erspart. Für den amerikanischen Markt wird auch ein Dreistufen-Automatikgetriebe angeboten. Mit Blick auf das direkt zu schaltende, gut in der Hand liegende manuelle Fünfganggetriebe eigentlich eine Sünde. Ebenfalls auf die Bedürfnisse des amerikanischen Marktes zugeschnitten sind Abgas-Katalysator (ab 1976) und Einspritzanlage, die jedoch – mit zeitlicher Verzögerung – auch

Von Anfang an gibt es für den mit einer ungefütterten Stoffkapuze versehenen Spider auch ein Hardtop (links). Mit dem zarten Blaumetallic knüpft die Marke auf zeitgemäße Weise an das traditionelle Celeste (Hellblau) an.

den Weg nach Europa finden. Dem amerikanischen Markt vorbehalten bleibt die Einspritzanlage aus dem Hause Spica, das sich damals – wie Alfa Romeo – im Besitz des italienischen Staates befindet. Die ab 1981 Verwendung findende Einspritzung hört auf den Namen K-Jetronic und kommt aus dem Hause Bosch. Diese Version wird später ebenfalls in Europa verkauft.

Auf ungeteilte Zustimmung stößt die Frischzellenkur, die dem Spider 1989 seinen vierten Frühling beschert. Neue, großvolumige und in Wagenfarbe lackierte Stoßfänger fügen sich jetzt harmonisch in die immer noch attraktiven Linienführung der Karosserie. Eine Zeiterscheinung ist das rückwärtige Leuchtenband, das eine Familienähnlichkeit zum Alfa 164 und überarbeiteten Alfa 33 herstellt. Dem Auftritt des »Nuova Aerodninamica« oder »Classico« tut es keinen Abbruch. Auch heute noch gilt das bis 1993 produzierte Modell als zeitlos schön. Die Motorleistung des abgasgereinigten 2.0 mit Einspritzung liegt bei 117 PS. Das Ende ist dennoch unabwendbar, schließlich geht die annähernd drei Jahrzehnte dauernde Produktionszeit nicht spurlos am Spider vorüber. So kommt das ehemals vorbildliche Fahrwerk genauso in die Jahre wie Sicherheitsstandard, Sitzposition und Platzangebot. Schon die schrittweise Anpassung an immer strengere Abgasnormen kommt für die Entwickler ordentlichen Klimmzügen gleich. Zudem ist der Anteil zeitraubender und damit kostspieliger Handarbeit schlichtweg zu hoch. Darum endet die Produktionszeit nach 124 105 Spidern und noch bevor der designierte Nachfolger tatsächlich fertig ist, zu dem Zeitpunkt, als maßgebliche Werkzeuge schlichtweg verschlissen sind. Eine Neuanschaffung kostenintensiver Werkzeuge kommt nicht in Frage. 🍀

DIE ÄRA DES »105ER SPIDERS« ENDET NACH ÜBER 124 000 FAHRZEUGEN

Der Blick auf den Rücken verdeutlicht die in 27 Jahren Produktionszeit vorgenommenen Modellpflegemaßnahmen in punkto Karosseriegestaltung.

BERTONE GLÄTTET DIE GIULIA

Mit der traditionsreichen Bezeichnung 1750 erscheint 1968 der große Bruder der weiterhin erfolgreichen Giulia.

GIULIAS GROSSER BRUDER

Während Spider und »Bertone« auch in den Genuss der Doppelnockenwellen-Vierzylinder mit 1779 und 1962 cm³ Hubraum kommen, bleiben das Motorenangebot der Giulia auf die traditionellen 1,3- und 1,6-Liter-Triebwerke beschränkt. Für die leistungsstärkeren und wegen ihres kräftigeren Drehmoments auch komfortableren Maschinen gibt Alfa Romeo bei Bertone den Entwurf einer neuen Limousine in Auftrag. Mit der »Berlina« will die Marke ein neues Limousinensegment erobern. Doch so ganz neu ist der Wagen nicht. Eher entspricht er dem, was andere Hersteller heute als »Große Produktaufwertung« oder »Großes Facelift« bezeichnen – schließlich verbirgt sich unter dem modisch schlichten Karosseriekleid die bestens bekannte Technik der Giulia.

1750
2000 BERLINA

Der Güte des Fahrzeugs bereitet das keinen Abbruch, schließlich ist das technische Konzept der leistungsfähigen Sportmotoren und das erstklassige Fahrwerk noch nicht ausgereizt. So steht dem Ausbau des Giulia-Baukastens nach oben hin nichts im Wege. Durch Erweiterung von Bohrung und Hub wird der Hubraum auf knapp 1,8 Liter aufgestockt, doch in Erinnerung an den glorreichen Vorkriegs-Sportwagen 6C 1750 hört auch dieses Modell auf die Bezeichnung 1750. 1968 wird die neue Limousine vorgestellt. Und tatsächlich haben sich ihre Gestalter Mühe gegeben, die Nähe zur Giulia zu kaschieren. Der Radstand ist um sechs Zentimeter auf 2570 Millimeter gewachsen und auch das leicht längere Heck lässt die Tiefe des Kofferraums um einen Zentimeter auf nun 990 Millimeter wachsen. Passend zum glattflächigen, nüchtern wirkenden Karosseriekleid ist die schlichte Heckscheibe, die die bei der Giulia montierte Panorama-Scheibe ersetzt und Platz schafft für eine breite C-Säule. Die Motorhaube ist – wie bereits bei »Bertone«, Spider und TZ – vorn angeschlagen.

Die klare Strenge setzt sich im Interieur fort. Ein durchgehendes Holzprofil bestimmt die Optik des mit Kunstleder verkleideten Armaturenträgers und harmoniert mit dem hölzernen Kranz des Dreispeichen-Leichtmetalllenkrads. Die Blicke auf sich ziehen die beiden in aufgesetzten Höhlen verborgenen Hauptinstrumente. Auch beim 1750 GT Veloce und dem Spider 1750 Veloce realisieren die Stylisten dieses später wieder beim Alfa 156 zitierte Layout. Sprint und Spider schmücken sich mit der Zusatzbezeichnung Veloce, dem italienischen Begriff für Geschwindigkeit. Für die Limousine verzichten die Namensgeber auf diesen Zusatz, dennoch gehört der Wagen zu den Schnellen auf der Autobahn. Mit 118 PS kommen Vortrieb und Luftwiderstand erst bei über 180 km/h in die Waage. Und der Mitte 1971 erscheinende 2000 rennt dank seines anfangs 132 PS starken Zweiliter-Vierzylinders gar über 190 km/h.

UND IN AMERIKA IST DIE EINSPRITZUNG LÄNGST EIN THEMA

Optisches Unterscheidungsmerkmal der großvolumigeren Berlina ist der schwarze Kunststoff-Kühlergrill mit breitem Chrom-Scudetto und Scheinwerferpaaren in identischer Größe sowie Radnabenabdeckungen anstelle der altbackeneren Chrom-Radkappen. Innen werden die beiden Instrumentenhauben durch eine beide Hauptinstrumente überspannende Haube ersetzt. Die ehemals vier paarweise in der hölzernen Mittelkonsole untergebrachten Zusatzinstrumente wandern eine Etage höher und finden – es sind jetzt allerdings nur noch drei an der Zahl – ihren Platz über dem Einbauschacht für das optionale Radio. Zu den kleinen Details, die das Leben an Bord der »Berlina« angenehm machen, zählt übrigens auch die erstmals elektrisch betätigte Scheibenwaschanlage. Die luxuriösere L-Version unterscheidet sich durch eine umfangreichere Ausstattung von der 2000 Berlina. Dazu gehören beispielsweise Kopfstützen auch hinten. Kopfstützen vorn und automatische Sicherheitsgurte sind hingegen Standard. Wer mag, erhält die »Berlina« auch mit einer von ZF stammenden Dreigang-Automatik. Anstelle der beiden 40er-Doppelvergaser, wie sie für die in Europa zugelassenen Viertürer Standard sind, kommt auf dem US-Markt eine mechanische Spica-Einspritzung zum Einsatz. Dort wird die 2000 Berlina bereits 1975 von der Alfetta ersetzt. In Europa wird die Limousine noch bis ins Frühjahr 1977 angeboten. So finden sich in den damaligen Katalogen oberhalb des kompakten Alfasud die Giulia mit 1,3 und 1,6 Litern Hubraum, die 2000 Berlina und die Alfetta 1,8 parallel wieder. Und auch in Sachen Coupé fährt Alfa Romeo Ende der 1970er-Jahre mehrgleisig: Neben dem GT 1300 und 1600 Junior sowie 2000 GT Veloce im »Bertone«-Dress ist auch die Alfetta GT mit 1779 cm³ Hubraum im Angebot.

Von der bis 1972 produzierten 1750 Berlina entstehen in vier Jahren rund 101 883 Exemplare, 1760 davon mit Automatikgetriebe. Von der insgesamt rund 89 840-mal produzierten 2000 Berlina entstehen 3395 Exemplare mit Automatik. 1453 für den US-Export bestimmte Berlina 2000 werden bereits mit einem für die USA obligatorisch werdenden Abgas-Katalysator ausgerüstet. ✤

Die 1971 erscheinende Zweiliter-Version trägt, der damaligen Mode entsprechend, einen Kunststoffgrill.

MIT VOLLGAS IN DIE ENERGIEKRISE

TIPO 33 STRADALE
MONTREAL

Der Tipo 33 Stradale gehört auch heute noch zu den schönsten Autos der Welt. Seine vorn angeschlagenen Flügeltüren ermöglichen auch auf der Rennstrecke platzsparend einen schnellen Einstieg – und sie machen schwere und aufwendig konstruierte Türscharniere überflüssig.

Im Schneckengang schieben sich die schwere Rußwolken ausstoßenden Lastzüge über die zweispurige Autobahn A7 durch die Kasseler Berge, als Journalisten des italienischen Fachblattes »Quattroruote« mit einem orangefarbenen Achtzylinder-Sportwagen förmlich an ihnen vorbeischießen. Ihre Reise geht nonstop von der Stiefelspitze Italiens an die Ostsee, von Reggio Calabria nach Lübeck. Die Fernstraßen sind noch deutlich schlechter ausgebaut als heute, doch die geringe Verkehrsdichte erlaubt über weite Strecken Vollgas. Und dementsprechend benötigen die Montreal-Lenker gerade einmal gut 20 Stunden für die 2574 Kilometer lange Fahrt im öffentlichen Straßenverkehr. Ihr Reisedurchschnitt liegt bei rund 130 km/h, Pausen inklusive. Und die sind zahlreich, schließlich rauschen bei der eiligen Reise durchschnittlich 17,8 Liter pro 100 Kilometer durch die von einer Spica-Saugrohr-Einspritzung gespülten Brennräume des V8.

Seine Premiere feiert der V8 als Antriebsquelle für den in der Sportwagen-Weltmeisterschaft zum Einsatz kommenden Tipo 33. Ein reinrassiger Sportwagen-Prototyp mit anfangs zwei, ab 1969 auch drei Litern Hubraum. Und für Renneinsätze auf der anderen Seite der Erde, in Tasmanien, entsteht eine Motorvariante mit zweieinhalb Litern Hubraum. Und die erweist sich als gute Basis für den neuen Straßensportwagen. Natürlich zeigt er sich bei weitem nicht so kompromisslos wie die Tipo 33-Rennboliden oder der nur mühsam für den Straßenverkehr domestizierte Tipo 33 Stradale. Doch der Montreal mutet bei seiner Markteinführung 1971 kaum weniger exotisch an. Bereits vier Jahre zuvor ist seine Form erstmalig zu bewundern. Der optisch den Eindruck eines Mittelmotorsportwagens erweckende Frontmotor-Bolide ist Italiens Beitrag zur Weltausstellung 1967. Alfa Romeo ist der einzige Autohersteller, der beauftragt wird, »den größten automobilen Wunsch des Menschen« auf Räder zu stellen. Ort der Expo ist – passend zum 100-jährigen Bestehen der kanadischen Konföderation – Montreal. Dort kommt Alfa Romeos Vision eines Traumwagens so gut an, dass das Management die Ampel für eine Serienproduktion des bereits im Vorserienstatus befindlichen Sportwagens auf grün schaltet. Allerdings muss sich der Montreal – wie bei derartigen Studien üblich – bis zum Serienstart noch grundlegende Änderungen gefallen lassen. Dabei betreffen die Veränderungen weniger das Karosseriekleid als vielmehr das technische Packaging.

Dass das Unternehmen zunächst nicht ernsthaft an eine Serienfertigung denkt, lässt sich auch daran erkennen, dass Fahrwerk und Bodengruppe der Baureihe 105 entliehen und damit für das wuchtige Auto schlichtweg unterdimensioniert sind. Trägt das weiße Expo-Exponat noch einen Vierzylinder unter der Haube, so tritt das 1970 in Genf vorgestellte Serienmodell mit einem für den Straßengebrauch modifizierten Achtzylinder aus dem Tipo 33 an. Der nun vorn montierte Motor ist aufgebohrt und erhält eine neue Kurbelwelle für größeren Hub. Das kommt dem Drehmoment des Serientriebwerks des somit auf 2,6 Liter gewachsenen V8 zugute. Die Leistung indes wird von 230 auf 200 PS reduziert, liegt dafür aber bereits bei »zivilen« 6500 Touren. Vier oben liegende Nockenwellen übernehmen die Ventilsteuerung. Manch eine Werkstatt erweist sich bei der Wartung und Einstellung der Kraftstoffversorgung als überfordert. Oftmals ist das Ursache einer Erhöhung von Benzinkonsum und Frust aufseiten der Kundschaft.

Ein Genuss hingegen ist das Design des Montreal. Einmal mehr zeichnet dafür das Haus Bertone verantwortlich. Der damals 29-jährige Marcello Gandini stellt eine relativ weich geformte, unglaublich breite Karosserie mit spitz zulaufender Nase und großer Heckklappe auf das Fahrgestell eines Giulia Sprint GT. Die Linienführung ist stilbildend und wird zu einem Wegweiser für die 1970er-Jahre. Auch die große, mit Gasdruckdämpfern gehaltene Heckklappe wird zu einem beliebten Detail damals moderner Sportwagen. Gandini – der sich als Designer mit dem Entwurf des Lamborghini Countach unsterblich macht – ist dabei, in die Fußstapfen des bisherigen Bertone-Chefdesigners Giorgetto Giugiaro zu treten, der sich damals gerade auf dem Weg in die Selbstständigkeit (Ital Design) befindet.

DIE EINSPRITZUNG GILT ALS KAPRIZIÖS. DOCH ES IST WIE SO OFT BEI ALFA: DIE RECHTE PFLEGE MACHT DEN UNTERSCHIED

Das Bertone-Kleid stammt aus der Feder des damaligen Chefdesigners Marcello Gandini, der sich mit Lancia Stratos und Lamborghini Countach unsterblich macht.

In den beiden Instrumentenhöhlen aus sprödem Kunststoff bringen die Techniker eine Vielzahl von Instrumenten und Informationen unter.

Die Heckscheibe lässt sich – wie beim Junior Zagato – öffnen.

Der vom »Monti« ausgehende Reiz steckt im Design und in verschiedenen technischen Lösungen. Auffällig sind vor allem die in den B-Säulen untergebrachten seitlichen Lüftungsschlitze, die den Innenraum mit Frischluft versorgen und optisch auf einen Mittelmotor tippen lassen. Auch die extravaganten Scheinwerferabdeckungen im Jalousiedesign sorgen für Aufsehen. Selbst in geschlossenem Zustand geben sie den Blick frei auf die Doppelscheinwerfer. Betätigt werden sie mittels Unterdruck. Und der Innenraum hebt sich wohltuend spielerisch von der damaligen Funktionstristesse anderer Modelle der späten 1960er-Jahre ab. Die modisch bunte Farbpalette ist bereits seit 1968, also drei Jahre vor Produktionsbeginn, definiert. Der schwere Aufbau und die Kraft des Achtzylinders überfordern das Fahrwerk mit seiner schmalen Spurweite merklich. Kurz: Der Montreal sieht zwar aus wie ein reinrassiger Sportwagen, ist jedoch eher ein elegantes Reisecoupé und im Grenzbereich nur von wirklichen Könnern zu beherrschen. Dank des drehmomentstarken und drehfreudigen Motors rennt der Montreal trotz seines Gewichtes von über 1300 Kilo echte 225 km/h. Damit hat der Gran Tursime auf der linken Autobahnspur nicht wirklich Konkurrenz zu fürchten.

DER MOTOR DES MONTREAL HAT SICH BEREITS AUF DER RENNSTRECKE BEWÄHRT

Übrigens: Der gleiche Motor dient wegen seines für Sporteinsätze idealen Zylinderwinkels von 90 Grad gut 20 Jahre später als Basis für die Rennmotoren der letzten DTM-Boliden von Alfa Romeo. Dafür werden dem Zylinderblock einfach zwei Brennräume abgeschnitten, und der Hubraum des verbleibenden Sixpacks wird auf zweieinhalb Liter erweitert. Mit allen Tricks und Kniffen kitzeln die Ingenieure bis zu 500 PS aus diesem Motor. Es steckt eben doch ein Rennmotor hinter diesem V8. Auf der Rennstrecke macht sich der Montreal allerdings rar. Am bekanntesten ist der mit Kotflügelverbreiterungen versehene, grün lackierte Wagen des deutschen Alfa-Tuners Gleich, mit dem Gleich/Weizinger 1973 zum 1000-Kilometer-Rennen auf dem Nürburgring antreten.

Doch zurück zum Serienfahrzeug: Wirtschaftlich scheitert das exotische Coupé nicht zuletzt an der Energiekrise. Steigende Benzinpreise und schrumpfende Kaufkraft lassen den »Monti« ins Schleudern geraten. Auch seine nicht eindeutige Marktpositionierung ist keine Hilfe. Der Montreal ist kein Großseriensportwagen wie sie bei Porsche vom Band laufen. Aber ein reinrassiger, leistungsstarker Exot, wie die damaligen Modelle von Ferrari, Maserati oder Lamborghini, ist er eben auch nicht. Doch mit 35 000 Mark kostet er fast doppelt so viel wie das damals zweitteuerste Modell in der Alfa Romeo-Modellpalette, der 2000 GT Veloce. Und so ist es denn auch kein Wunder, dass in sieben Jahren gerade einmal 3925 Stück die bei Bertone in Turin und Alfa Romeo in Arese aufgestellten Bänder verlassen.

Bis heute hat der Montreal eine Fan-Gemeinde, die sich an der Form des bildschönen, letzten reinrassigen Achtzylindermotor aus Mailand erfreut. Wer die Gelegenheit bekommt, in den Reihen der Alfa-Designer hinter die Kulissen zu schauen, der wird schnell erkennen, dass auch sie das Auto nicht vergessen haben. Und mit dem 8C Competizione knüpft Alfa Romeo rund drei Jahrzehnte später wieder an die grandiose Achtzylinder-Tradition an. Auch wenn dieses Triebwerk auf den Werkbänken in Maranello entsteht. ☘

Der Mitte der 1970er-Jahren erfolgreiche Tipo 33 mit Zwölfzylinder-Boxer hat nur noch die Bezeichnung mit dem ehemals achtzylindrigen Rennsportwagen gemein. Er gewinnt 1975 und 1977 die Sportwagen- beziehungsweise Marken-Weltmeisterschaft.

DER SCHRITT IN DIE KOMPAKTKLASSE

ALFASUD
ALFASUD TI
ALFASUD
ALFASUD SPRINT
SPRINT
ARNA

Der 1971 auf dem Turiner Salon erstmals gezeigte und ab 1972 produzierte Alfasud begründet eine bis heute populäre Fahrzeugklasse und ist Alfas erster Fronttriebler. Die Entstehungsgeschichte beginnt 1967, als Rudolf Hruska eine umfassende Aufgabe erhält: Der ehemals für Porsche, Cisitalia, Alfa Romeo (Giulietta) und zwischenzeitlich auch Fiat (er initiierte die Spider und Coupés der 1960er-Jahre) arbeitende Ingenieur wird damit betraut, nicht nur einen komplett neuen Alfa Romeo zu entwickeln, sondern auch gleich noch die dazugehörige Produktionsstätte. Fernab von Arese wird die staatlich kontrollierte Marke dazu gebracht, das neue Fahrzeug im strukturschwachen süditalienischen Mezzogiorno auf die Räder zu stellen. In 18 Monaten stampft die Gruppe um den Alfa-Ingenieur das Werk aus dem Boden des Platzes, an dem ehemals Alfa-Romeo-Flugmotoren sowie das Renault-Lizenzmodell R4 entstanden. Das in der Nähe Neapels stehende Werk initiiert dann auch den Namen für den neuen Kompaktwagen. Und logischerweise verschwindet mit Einführung des Alfasud der Zusatz Milano aus dem Markenemblem.

LEICHT HÄTTE DIE »GOLF-KLASSE« ZUR »SUD-KLASSE« WERDEN KÖNNEN

Der erste Alfa Romeo mit Frontantrieb findet von Anfang an Anerkennung. Der »Sud« ist in faszinierender Weise hochkarätig und schlicht zugleich. Der ökonomische, kompakt bauende Boxermotor beschert dem Modell gute Fahrleistungen, der tiefe Schwerpunkt und die reduzierten ungefederten Massen (innen liegende Scheibenbremsen vorn) sorgen für eine beispielhafte Fahrdynamik und günstige Aerodynamik. Dazu sind Raumangebot für Insassen und Gepäck in dieser Großzügigkeit bislang ungekannt. So führt er flugs eine neue Klientel an die Marke, die immer neue Rekordabsatzzahlen verkünden kann. Die Kunden dürfen sich an eine außergewöhnliche Belegung der Lenkstockhebel gewöhnen: Mit dem rechten werden sowohl die Wischer (drehen), das Waschwasser (ziehen), das Gebläse (auf und ab) als auch die Hupe (seitliches Drücken) betätigt.

Als der Alfasud auf dem Markt erscheint, laufen in Wolfsburg noch Käfer vom Band. Leicht hätte das heute oftmals als »Golf-Klasse« bezeichnete C-Segment auch den Namen des fortschrittlichen Alfasud tragen können, wenn da nicht die politischen Umstände zu Streiks, Produktionsausfällen und einer Reihe von Mängeln geführt hätten. In den 13 Produktionsjahren des Alfasud lähmen nicht weniger als 700 Streiks die Fertigung in Pomigliano d'Arco. Mit Rostproblemen kämpfen Anfang der 1970er-Jahre nahezu alle Automobilhersteller, schließlich gilt es noch den Korrosion verhindernden Umgang mit Blechen, Chemikalien, Lacken und Verzinkungen zu lernen. Doch während andere Unternehmen dieses Problem möglichst schnell in den Griff bekommen, lassen die Süditaliener ungenutzt wertvolle Zeit verstreichen. Daraus resultiert ein nachhaltiger Imageschaden. Als die Qualität des »Sud« ab 1980 spürbar verbessert wird, ist der Ruf bereits ruiniert, und zahlreiche ehemalige Sud-Fahrer sind auf andere Marken umgestiegen.

Der kompakte Fronttriebler wird mit zwei und vier Türen gebaut.

Als ti setzt der quirlige Boxer Maßstäbe in punkto Fahrdynamik.

Unter der formschönen Karosserie aus der Feder des gerade selbstständigen Giugiaro verbergen sich technische Innovationen, die auch der Servicefreundlichkeit zugutekommen, wie beispielsweise die schraubbaren Tassenstößel zum Justieren des Ventilspiels. Geringe Unterhaltskosten sind ein wichtiges Argument in dieser Klasse. So verweist Alfa Romeo auch auf den geringen Kraftstoffverbrauch von beispielsweise 6,8 Litern für die einstündige Fahrt mit dem 1.3 TI bei Durchschnittstempo 100, Ölwechsel sind alle 10 000 km vorgesehen, das Serviceintervall ist auf 20 000 Kilometer festgelegt. Die nahezu spielerische Kraftentfaltung begeistert. Der Boxer ist laufruhig, drehfreudig und hängt perfekt am Gas. Den Anfang macht eine 1,2-Liter-Version (1186 cm³) mit 63 PS. Die sportliche ti-Variante – stets erkennbar an Doppelscheinwerfern – leistet dank Doppelvergaser 68 PS. 1977 wird der Alfasud überarbeitet: Der Wagen beziehungsweise seine Käufer kommen in den Genuss neuer korrosionshemmender Maßnahmen und Motoren mit wahlweise 1,3 (1286, ab 1978 mit 1351 cm³) und 1,5 Liter (1490 cm³) Hubraum. Beide Modelle werden auch als TI, mit nun zwei Doppelvergasern, angeboten. Das Leistungsspektrum reicht von 79 beziehungsweise 85 PS beim 1.3 TI sowie 95 und zum Schluss gar 105 PS für das größere TI-Triebwerk.

»SUD« UND »SPRINT« BILDEN DAS ITALIENISCHE VORBILD VON GOLF UND SCIROCCO, SIE STAMMEN ALLESAMT VON GIUGIARO

1980 wird die Optik des mittlerweile acht Jahre alten Sud modernisiert. Großformatige Kunststoff-Stoßfänger mit integriertem Frontspoiler – sowie Kotflügelverbreiterungen und ein »Walfischflosse« genannter Heckspoiler beim ti – zollen dem damaligen Zeitgeist ebenso Respekt wie großflächige Leuchten am Heck und ein neu gestaltetes Armaturenbrett.

Ab 1982 erhält der bis dahin als Zwei- und Viertürer angebotene Alfasud auch die mittlerweile in der Klasse obligatorische große Heckklappe. Sie gehört selbstverständlich zum Serienumfang der zwischen 1975 und 1977 produzierten dreitürigen Kombi-Variante namens Giardinetta. Die Ende 1982 erscheinenden Modellvarianten Quadrifoglio Oro – als edles Komfortmodell, unter anderem mit Scheinwerferwaschanlage – und der 105 PS starke, sportlich angehauchte Quadrifoglio Verde markieren die Spitze der Modellpalette.

Seine sportlichen Qualitäten stellt der Alfasud im gleichnamigen Pokal unter Beweis. Dabei handelt es sich um einen auf Rennstrecken ausgetragenen Markenpokal, dessen Popularität dazu führt, dass Nachwuchsrennfahrer – wie beispielsweise der spätere Formel-1-Pilot Gerhard Berger – europaweit ihre Kräfte messen. Der ab 1975 ausgetragene Alfasud-Pokal gilt als Fundament für die bis heute populäre Markenpokal-Szene. Die Rennversion mobilisiert dank eines von Autodelta stammenden Leistungskits für den ursprünglich 86 PS starken 1286 cm³ großen Boxer anfangs 115, später sogar zwischen 126 und 128 Pferdestärken. Sportlich oberhalb der verschiedenen nationalen Alfasud-Pokale ist die Sprint-Europa-Trofeo angesiedelt. Für diese Europameisterschaft dient eine ebenfalls von Autodelta präparierte Rennversion des Alfasud Coupé dem Sprint als Sportgerät. Unter der Haube arbeitet ein Triebwerk auf Basis des 1,5-Liter-Motors. Mit dem in Deutschland (1.9 JTD mit 160 PS), Holland und Italien (2.0 T.Spark mit knapp 200 PS) ausgetragenen Alfa 147 Cup erlebt die Tradition des »Sud-Pokals« übrigens Jahrzehnte später eine Renaissance.

1980 kommen mit dem Facelift zeitgemäße Stoßfänger, größere Leuchten und ab 1981 auch eine große Heckklappe.

Dem Alfasud wird ab 1976 auch der attraktive Alfasud Sprint zur Seite gestellt. Es ist die italienisch schicke Variante der Spezies Coupé, die nördlich der Alpen auf den Namen Scirocco hört.

Der »Lange aus Regensburg« (Walter Röhrl) mit einem Alfasud ti, der stets durch Doppelscheinwerfer von anderen Modellen zu unterscheiden ist. Ab 1980 gehören Kotflügelverbreiterungen und der als »Walfischflosse« bezeichnete Heckspoiler zum Serienumfang.

GROSSE STOSSFÄNGER, GROSSE LEUCHTEN UND EINE GROSSE HECKKLAPPE HALTEN DEN ALFASUD FRISCH

Mit dem Alfasud Sprint stellt Alfa Romeo dem »Sud« ein Coupé zur Seite. Alfa-Kunden stehen so mitunter drei Coupés zur Wahl – den Montreal nicht mitgerechnet. Aber Coupés gehören seit jeher zum Lieferprogramm der Marke, und seit 1950 hören die meisten von ihnen auf die Bezeichnung Sprint. Und mit dem Alfasud Sprint will Alfa Romeo an die Erfolge des gut zwei Jahrzehnte zuvor erschienenen Giulietta Sprint anknüpfen.

Die kantige Karosserie entstammt einmal mehr der Feder Giorgetto Giugiaros. Formale Ähnlichkeiten zu den parallel bei Ital Design entworfenen Alfetta GT und VW Scirocco sind so leicht zu erklären. Der Alfasud Sprint geht als letzter kompakter Fronttriebler des Quartetts Alfasud (72), Scirocco (73), Golf (74) und Alfasud Sprint 1976 in Produktion.

Analog zum Alfasud löst der 1351 cm³ große 79 PS-Motor schnell seinen 76 PS starken Vorgänger mit 1286 cm³ Hubraum ab. Darüber rangiert die 1,5-Liter-Maschine, die beim Veloce 95 PS leistet. 1981 erscheint mit dem Trofeo ein Sondermodell, das auf den dynamischen Markenpokal-Bruder hinweist. Die schlichte, klar gezeichnete Karosserie mit filigranen Rückleuchten und zierlichen Chromstoßstangen wird 1983 von einer neuen Generation, der nun lediglich auf den Namen Sprint hörenden zweiten Serie, abgelöst. Wie bei anderen Modellen auch finden großvolumige Kunststoff-Stoßfänger und Seitenbeplankungen ihren Weg an die Karosserie. Die von Beginn an obligatorischen Doppelscheinwerfer stecken nun in einem schwarzen Kunststoffgrill, und hinten bestimmen unverwechselbar gestaltete Heckleuchten das Bild. Hinter dem sportlichen Dreispeichen-Lederlenkrad blickt der Fahrer auf ein überarbeitetes Armaturenbrett, und unter der Karosserie erhält die gegenüber dem Alfasud schlichtere Hinterachse des Alfasud-Nachfolgers Alfa 33 Einzug. Damit wandern die Bremsen vorn auch vom Getriebe an die Räder.

Zum 1300er und 1500er gesellt sich dann noch der ebenfalls im Alfa 33 verwendete 1700er mit 115 beziehungsweise (als Einspritzer mit Katalysator) 104 PS. So bleibt der Sprint über Jahre frisch und bis 1989 in Produktion.

Ein allseits ungeliebtes Kind ist indes der ARNA. Er ist das Ergebnis einer kurzen Ehe zwischen dem italienischen Staatskonzern und Nissan. ARNA steht für Alfa Romeo Nissan Autoveicoli, wird aber auch zur Bezeichnung für ein Modell, dessen Blechkleid aus dem Lager der Japaner stammt, darunter jedoch die Technik des Alfasud aufweist.

MIT DEM JOINT VENTURE NAMENS ARNA ÖFFNET ALFA DEN JAPANERN EINE HINTERTÜR

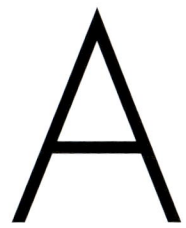

Alfa Romeo befindet sich in einer Krise. Der Alfasud beschert Alfa Romeo zwar ansehnliche Stückzahlen, aber auch hohe Kosten und reichlich Ärger. Die Transaxle-Modelle erfreuen ihre Fahrer immer noch mit beispielhafter Fahrdynamik, doch sie sind ebenso wenig zukunftsgerichtet wie der noch auf der Giulia basierende Spider. Von dem Joint Venture erhoffen sich die Italiener einen die Produktionszahlen beflügelnden, kostengünstigen Ausbau der Produktpalette. Nissan ist geradezu prädestiniert für diese Kooperation, denn während bei Alfa durch die Überkapazitäten im Motorenbau gut 50 000 Motoren mehr entstehen, als tatsächlich gebraucht werden, verfügen die Japaner über enorme Karosseriebau-Kapazitäten. Und die Japaner können so Einfuhrbeschränkungen für japanische Automobile umgehen, die einst zur Förderung der inländischen Fahrzeugproduktion gemacht wurden. Für die ARNA-Produktion entsteht in Pratola Serra, nahe Avellino, ein 200 Milliarden Lira teures Werk. Um die Lieferwege für die Technik-Komponenten – immerhin fast 80 Prozent des gesamten Fahrzeugs – kurzzuhalten, ist es nicht zu weit vom Alfasud-Werk Pomigliano d'Arco entfernt. Auch ein Hafen befindet sich in der Nähe, schließlich erreichen die japanischen Karosserieteile und Hinterachsen für den ARNA Italien auf dem Seeweg.

Allerdings erweist sich das kurze Intermezzo nicht als die erhoffte Rettung aus Fernost. Der ARNA ist eine Schnellgeburt. Seine Entwicklung lässt Parallelen zu Technikbaukästen kleiner Kinder erkennen, denn der ARNA ist die Kombination der Europaversion des Nissan Cherry und des Alfasud. Unter der lediglich durch das Scudetto im Kühlergrill, neue Heckleuchten und die vom »Sud« bekannten Stahlfelgen mit Kunststoffdeckel vom Nissan zu unterscheidenden Blechhülle agieren die bekannten Vierzylinder-Boxer. Dem 1983 vorgestellten ARNA L und SL mit 63 PS starkem 1186 cm³-Motor folgt im Februar 1984 der 1.3 TI mit 86 PS (1351 cm³). Im Dezember desselben Jahres erhalten ARNA L und SL den Zusatz 1,2 und eine Leistungssteigerung um fünf Pferdestärken. Mit nur 3145 Exemplaren bleibt der gegenüber dem Basismodell 2000 Mark teurere TI ein Exot. Das ist allerdings nicht verwunderlich, schließlich kostet der »richtige« Alfa 33 mit 1,3 Litern Hubraum seinerzeit gerade einmal 500 Mark mehr. ✤

Dies ist das Sondermodell »Grand Prix« auf Basis des Sprint der zweiten Serie.

Der glücklose ARNA wirkt wie eine Verzweiflungstat eines schwer angeschlagenen Unternehmens.

MIT WELTMEISTERLICHEM NAMEN

Als der Tipo 158 1938 die Grand-Prix-Szene betritt, steht Alfetta für »den kleinen Alfa«. Eineinhalb Liter Hubraum rechtfertigen den Spitznamen, schließlich schöpfen die damaligen Grand-Prix-Boliden ihre Kraft aus hubraumgewaltigen Maschinen. Mit den Formel-1-Titeln der Jahre 1950 und 1951 steht die Bezeichnung Alfetta aber auch für weltmeisterlichen Erfolg. Und genau daran möchten die Alfa-Verantwortlichen 1972 beim Erscheinen der neuen Limousine erinnern, denn klein ist die rund 4,30 Meter lange Alfetta nicht.

Aufwendig ist die Transaxle-Bauweise, wie sie bereits bei den ehemals von Enzo Ferrari, Wilfredo Ricart und Gioacchino Colombo initiierten Rennwagen verwirklicht wird. Dabei befindet sich der Motor vorn, Getriebe und Differenzial lasten auf der Hinterachse. Die Transaxle-Bauweise ermöglicht eine ausgeglichene Achslastverteilung und somit beispielhafte Straßenlage sowie große Spursicherheit beim Bremsen. Neben den hohen Kosten gehört auch die nun indirekte Schaltung zu den Nachteilen der Konstruktion. Neben der klar gezeichneten, eleganten Karosserie aus der hauseigenen Designabteilung markieren die aufwendige De-Dion-Hinterachse nebst den innen liegend montierten hinteren Scheibenbremsen und der Torsionsstabfederung vorn die technische Avantgarde der legendären Marke.

Trotz positiven Anklangs am Markt ersetzt die Alfetta nicht die immer noch populäre Giulia und ihr luxuriöseres Schwestermodell 2000 Berlina. Versehen mit dem bereits bekannten 1779 cm³ großen und 121 PS starken Vierzylinder werden Alfetta 1.8 und 1.8 L genau dazwischen positioniert. Die 1,8-Liter-Version bleibt bis 1985 in Produktion. 1974 bietet das Haus dann mit der Alfetta 1.6 eine der Giulia identisch motorisierte Alfetta an. Das 108 PS starke Modell ist leicht durch die einzelnen Hauptscheinwerfer identifizierbar, schließlich tragen die darüber positionierten Versionen schmucke Doppelscheinwerfer. Mit 175 km/h liegt die Höchstgeschwindigkeit des 1600ers gerade einmal fünf km/h unter der des zwischen 1975 und 1981 produzierten 115 PS starken 1800ers. Erwähnenswert ist Alfa Romeo seinerzeit die Tatsache, dass sowohl die insgesamt fünf Kontroll-

ALFETTA

Die im Centro Stile Alfa Romeo gefundene Linie der Alfetta besticht durch ihre schlichte Eleganz. Nur das Einstiegsmodell – der Alfetta 1.6 von 1974 – muss auf Doppelscheinwerfer verzichten.

instrumente als auch die Bedienungshebel für Heizung und Lüftung beleuchtet sind. Oberklasse ist die für Fahrer und Beifahrer getrennte Regelung von Heizung und Lüftung. Das höhenverstellbare Lenkrad – seinerzeit ein Novum – wird bereits beim Alfasud als äußerst angenehm zur Kenntnis genommen.

Das Erscheinen der zweilitrigen Alfetta im Jahre 1977 läutet das Ende für die 2000 Berlina ein. Mit der neuen Motorenvariante geht auch eine tiefgreifende Überarbeitung des Erscheinungsbildes der Modellreihe einher. Anstelle der drei filigranen, in Reihe angeordneten Rückleuchten treten helle, großformatige Strahler, die harmonisch zu den voluminöseren Stoßfängern sowie der glattflächigen Front mit großen Rechteckscheinwerfern passen. Dazu kommen neue, in die Karosserie integrierte Türgriffe sowie ein an Lenkrad, Armaturenbrett, Sitzen und Belüftung überarbeitetes Interieur. 1979 erscheint dann mit der Alfetta 2.0 Turbo D der erste Turbodiesel italienischer Provenienz. Die Höchstgeschwindigkeit gibt das Werk mit »über 155 km/h« an. Dem 82 PS starken Vierzylinder wird ab 1983 auch eine 2,4-Liter-Variante mit 95 Pferdestärken zur Seite gestellt. Diese Triebwerke stammen von dem in Ferrara ansässigen Motorenhersteller VM und geben ein deutlich besseres Bild ab, als der raue Perkins-Diesel, der kurz zuvor die Giulia Diesel schüttelte.

Die Alfetta Turbo Diesel macht ab 1979 den Diesel im leistungsstarken Pkw salonfähig.

DIE VOM F1-RENNER ÜBERNOMMENE TRANSAXLE-BAUWEISE IST DER CLOU DER ALFETTA

1982, kurz vor Erscheinen des 2.4 Turbo Diesels erfährt die Modellreihe noch einmal eine kleine Überarbeitung, die optisch mittels kunststoffbeplankter Seitenschweller dokumentiert wird. Neu sind auch die Ausstattungslinien Lusso und Quadrifoglio. Doppelscheinwerfer (für den Quadrifoglio), elektrisch verstellbare Spiegel und ein neuerlich überarbeitetes Armaturenbrett mit Check-Control für Bremsflüssigkeits- und Ölstand sowie korrekt geschlossenen, zentralverriegelten Türen inklusive. Standard bleibt das lediglich aufgedruckte Holzimitat, das sich vor allem am Schaltknauf schnell abgreift. Während bereits bei den ab 1975 für den US-Export produzierten Alfettas statt der beiden Horizontal-Doppelvergaser eine mechanische Spica-Einspritzanlage montiert ist, hält mit der Alfetta Quadrifoglio Oro die Einspritzung auch in Europa Einzug. Dabei handelt es sich um eine elektronisch gesteuerte Motronic von Bosch.

Ihrer technischen Vorreiterrolle gerecht wird die Marke mit Einführung des Nockenwellen-Phasenverstellers, durch den sich die Motorcharakteristik mittels Justieren der Einlassnockenwelle an die jeweiligen Anforderungen anpassen lässt. Diese heute weitverbreitete Technologie verhilft dem Zweiliter zu einer Leistungssteigerung um acht auf nun wieder 130 PS.

Die Alfetta erweist sich als erfolgreich und ihre aufwendige Konstruktion dient zudem als gesunde Basis für zahlreiche Modelle der nächsten zwei Jahrzehnte. So erscheint 1974 mit der Alfetta GT eine Coupé-Version, doch auch die Giulietta, der Alfa 90, Alfa 75 und der avantgardistische SZ/RZ bedienen sich der mit der Alfetta präsentierten Transaxle-Architektur. Bis zum Produktionsende 1984 verlassen fast eine halbe Million (478 812) Alfetta die Produktionshallen in Arese. Jeweils rund 40 Prozent entfallen dabei zu annähernd gleichen Teilen auf die 1,8-Liter-Version und den Zweiliter. ☘

Alfetta, der »kleine Alfa«, passt eigentlich nicht zu der luxuriös ausgestatteten Limousine, die im Wettbewerb zum 5er BMW steht. Der hölzerne Lenkradkranz ist echt, das Holz am Armaturenträger – wie so oft in jenen Jahren – nur Dekor.

Mit Einführung des Zweiliters in der Limousine geht 1977 auch ein umfassendes Facelift einher, das dem Viertürer gut zu Gesicht steht. Es ist ein Beweis für die Zeitlosigkeit des eleganten Entwurfs.

VON STAATS WEGEN

ALFA 6

Die langen Überhänge in Verbindung mit dem kurz wirkenden Radstand und der schmalen Spur sowie die grob geschnitzt wirkenden Rückleuchten machen den Alfa 6 nicht wirklich zu einer eleganten Erscheinung.

Der 1979 vorgestellte Alfa 6 steht am Anfang einer ganzen Reihe von Modellen, die auf eine numerische Bezeichnung hören. Ungleich bedeutender ist jedoch neben dem für eine Oberklasse-Limousine passenden Luxus das vollends neu konstruierte Sechszylinder-Triebwerk des repräsentativen Fahrzeugs. Der V6 wird über Jahrzehnte hinweg immer wieder aufs Neue begeistern und stellt die Basis für die Motoren dar, wie sie bis zum Alfa 156 und Alfa 166 zum Einsatz kommen.

Als die große Limousine auf dem Markt erscheint, wird sie als opulente Version der mittlerweile seit sieben Jahren angebotenen Alfetta verstanden. Und tatsächlich verfügen beide Fahrzeuge über eine verwandte Plattform. Allerdings verzichten die Techniker auf die Transaxle-Bauweise. So ist es falsch, im Alfa 6 einfach eine verlängerte Alfetta mit neuem Sechszylinder-Triebwerk zu sehen. Schließlich datieren die Pläne für das Nachfolgemodell des 2600 noch aus der Zeit vor der Alfetta. Doch die Ölkrise und weitere politische Ursachen verzögern die ursprünglich für 1973 vorgesehene Modelleinführung um glatte sechs Jahre.

Und trotz seines späten Erscheinungstermins ist der Alfa 6 mit seinen 160 PS seinerzeit das stärkste italienische Großserienfahrzeug und die einzige Sechszylinder-Limousine – fast könnte man meinen, die Staatsdiener haben sich mit ihm den Traum von der eigenen Karosse erfüllt. Tatsächlich fügt sich der Alfa 6 jedoch aus technischer Sicht in die Alfa-Historie ein. Die Fahrer schwärmen von der vorzüglichen Straßenlage und dem hohen Sicherheitsstandard. Weniger Lob ernten dagegen die Trinksitten des vergaserbestückten Sechszylinders. Und auch die ZF-Dreigang-Automatik hilft nicht den Durst zu zügeln. Erst mit Einführung der Einspritzversion 1983 kann der Verbrauch gesenkt werden. Parallel zum Alfa 6 Injection Quadrifoglio Oro – so die korrekte Bezeichnung des neuen Top-Modells – mit 158 PS ist nun (aus steuerlichen Gründen) auch der Zweiliter-Vierzylinder (135 PS) und (wegen der hohen Benzinpreise in Italien) ein 105 PS starker 2,5-Liter-Fünfzylinder-Turbodiesel im Angebot. Der 2494 cm³ große Selbstzünder stammt – wie der Alfetta Turbo D – aus dem Regal des Motorherstellers VM. Optisch ist die neue Generation an überarbeiteten Stoßfängern, rechteckigen Scheinwerfern sowie den übergroßen Heckleuchten zu identifizieren. Die Insassen kommen in den Genuss neuer Sitze und frischer Sitzbezüge sowie eines neuen, in Holztönen leuchtenden Armaturenbretts.

Außerhalb Italiens bleibt der Alfa 6 ein Exot, der bei weitem nicht an die Erfolge seiner Geschwister anknüpfen kann. Erst mit dem Alfa 164 erhält er einen Nachfolger, der Alfa Romeo dann auch in diesem Segment zu einem zuvor ungekannten Höhenflug verhilft. ♣

Barock ist auch die Cockpitgestaltung, bei der Lineal und rechter Winkel offensichtlich zu den Lieblingsinstrumenten der Designer zählten.

EINE ELEGANTE ERSCHEINUNG

ALFETTA GT
GTV
GTV 6

Mit dem Alfetta GT trifft Giugiaro einmal mehr ins Schwarze. Die Form ist zeitgemäß und setzt sich dementsprechend von dem immer noch gut anzuschauenden und weiterhin produzierten Vorgänger, dem Giulia Sprint GT, ab.

EIN COUPÉ MIT REICHLICH PLATZ FÜR VIER UND GROSSER HECKKLAPPE

Das Erscheinen eines der Limousine zur Seite gestellten Coupés gehört bei Alfa Romeo zur Tradition. So auch bei der Modellreihe 166, wie die Alfetta intern beziffert wird. Die Premiere des kantigen, von Ital Design in Form gebrachten Zweipluszwei erfolgt 1974, zwei Jahre nach Produktionsstart der Limousine. Erstmals hört das zweitürige beziehungsweise in diesem Fall dreitürige sportliche Schwestermodell nicht auf die Zusatzbezeichnung Sprint. Ein schlichtes GT – für Gran Turismo – reicht. Tatsächlich erweist sich die anfangs mit dem 121 PS starken 1,8-Liter-Alu-Vierzylinder versehene Alfetta GT als hervorragendes Fahrzeug für komfortable, lange Reisen. Damit passt er gut in die Modellpalette, die bis 1978 auch noch Platz für den »Bertone« bietet.

Doch während das Coupé auf Giulia-Basis dem Ende seiner Bauzeit entgegensieht, schafft das ungleich modernere Transaxle-Coupé den Sprung bis weit in die 1980er-Jahre. Grund dafür ist – neben den alfatypischen Tugenden in Sachen Technik, Fahreigenschaften und Image – sicherlich die moderne, den Geschmack der 1970er- und 1980er-Jahre treffenden Linienführung. Aber auch das für ein Coupé großzügig bemessene Platzangebot und die durch die große Heckklappe gegebene Variabilität vermögen zu überzeugen.

AUCH DIE ALFETTA GTV ENTDECKT IHRE MOTORSPORTGENE

Anders als sein Vorgänger und die 1964 gezeigte Studie Giulia Sport Speziale ist der neue GT ein Typ mit Ecken und Kanten. Der auf dem Tipo 33 basierende Ital Design-Prototyp Iguana (1969) dient durchaus als Geschmacksmuster und Wegbereiter, schließlich hat Giugiaro noch im selben Jahr seine Arbeiten am Alfetta GT so gut wie abgeschlossen. Nach einer Reihe von Zeichnungen und nicht nur harmonischen Modellen (die unter anderem durchaus Ähnlichkeiten zum Dino Coupé erkennen ließen) setzen die Designer im Dezember 1969 die gleichermaßen stilvolle wie langlebige Form in den Maßstab 1:1 um – und formen damit ein stilistisches Vorbild für Alfasud Sprint, Scirocco und Co.

Die sportlichen Doppelscheinwerfer blinzeln aus einem schmalen Kühlergrill hervor. Einen Gegenpol bietet das hohe, lang auslaufende Schrägheck, das nun über eine

Der GTV 6 im Gruppe-A-Trimm durcheilt das Karussell auf der Nürburgring-Nordschleife.

Insgesamt viermal in Folge gewinnt Alfa Romeo mit der Alfetta die Tourenwagen-Europa-Meisterschaft. Hier rennt der Sechszylinder im belgischen Zolder.

AUF DER SÜDHALBKUGEL GIBT ES DREI LITER HUBRAUM

(bereits schon für die Giulietta Sprint angedachte) Heckklappe verfügt. Blinker, Rückleuchten und Rückfahrlicht sind in je zwei filigranen Leuchtstreifen untergebracht, die 1980 – mit Baubeginn des grundlegend überarbeiteten Modells – durch modische, großformatige Rückleuchten ersetzt werden. Erkennbar sind die Modelle der zweiten Serie auch an den voluminösen Stoßfängern aus Kunststoff, die vorne Blinker und Frontspoiler aufnehmen. Skurril ist das anfangs mittig montierte Instrumentarium mit Tachometer und den Anzeigen für Öldruck, Tank und Wassertemperatur. Mit dem Facelift wandert es zu dem traditionell hinterm Lenkrad platzierten Drehzahlmesser. Die mit filigranen Blechstoßstangen versehenen Modelle der ersten Serie sind ausschließlich vierzylindrig motorisiert. Um Verwechslungen auszuschließen, wird der Alfetta GT ab 1975 zum Alfetta GT 1.8, schließlich stehen ihm ab 1976 der 177 km/h schnelle Alfetta GT 1.6 (mit 108 PS) und ab 1979 der Al-

In Südafrika erscheint ein Dreiliter-V6 noch vor der Europa-Premiere des Alfa 164 und Alfa 75 America. Das Triebwerk geht zurück auf einen Kit, den die Werksrennabteilung Autodelta für eine Rallye-Alfetta vorbereitet. Sie passt perfekt in die südafrikanische Tourenwagenserie und erlebt dort 1983, nach Homologation durch 200 für die Straße zugelassene Serienbrüder, die FIA-Wettbewerbszulassung.

fetta GTV 2000 zur Seite. Wie schon beim deutlich rundlicher gestalteten Vorgänger steht der Buchstabe V für Veloce. Er bleibt nicht lange dem anfangs 122, später 130 PS starken Zweiliter vorbehalten, schließlich erscheint 1980 der leistungsstarke GTV 6. Der zuvor bereits im noblen Alfa 6 verwendete V6-Motor mit 2492 cm³ Hubraum leistet bei 6000 U/min stolze 160 PS. Optisches Erkennungsmerkmal ist eine auf die Kraft des großen Motors hinweisende Hutze auf der Haube. Experten unterscheiden den Sechszylinder auch durch die Radaufnahmen vom Vierzylinder, schließlich sind die Räder der Sechszylinder-Modelle bis zum Alfa 164 mit fünf statt nur vier Radmuttern befestigt. Zu den Annehmlichkeiten des exklusiven, 205 km/h schnellen Sechszylinders gehört unter anderem eine in die Windschutzscheibe integrierte Antenne. Die neu gestalteten Sportsitze mit attraktiven Rahmenkopfstützen, elektrischem Fensterheber und Außenspiegel sind auch für seinen kleineren Bruder, den GTV 2.0, mit glatter Haube Standard. Höhenverstellbare Sitze gibt es bereits in der ersten Serie.

AUCH DAS COUPÉ BLEIBT DANK GELUNGENER DETAILARBEIT FRISCH

Neben den bereits erwähnten Versionen bereichern Homologationsmodelle für den Motorsporteinsatz die Modellreihe. Den Sprung in die Preislisten schafft allerdings einzig der GTV Turbodelta. Wie sein Name verrät, handelt es sich dabei um ein Modell aus der Autodelta-Werkstatt, dessen Zweiliter-Vierzylinder mithilfe eines von KKK stammenden Turboladers 150 PS in den Antriebsstrang schickt. Dazu kommen – ebenfalls aus Carlo Chitis PS-Schmiede – noch Wettbewerbsboliden mit acht Zylindern und drei Litern Hubraum. Und in Deutschland entsteht ein Prototyp mit dem aus dem Montreal stammenden 2,6-Liter-V8. Zur Serienreife bringen sie es indes nicht. Allerdings entstehen auf Initiative des südafrikanischen Marktes Mitte der 1980er-Jahre die ersten Dreiliter-V6, die ihren Weg in die Karosserie des GTV 6 finden. Insgesamt werden 212 dieser mittels Autodelta-Kits präparierten Fahrzeuge gefertigt. Doch bereits mit dem 2,5-Liter-V6 eignet sich der GTV 6 bestens für Sporteinsätze. Die nach dem ab 1982 gültigen Gruppe-A-Reglement aufgebauten Rennversionen des GTV 6 gewinnen von 1982 bis 1985 viermal in Folge die Tourenwagen-Europameisterschaft, zweimal den Titel in der französischen Tourenwagenserie und in der DTM. Bereits ab 1975 bringt Autodelta eine bauchig verbreiterte Gruppe-2-Version der Alfetta GT an den Start der Rallye-EM. Es folgen eine kraftvolle Alfetta GT V8 3.0 mit dem aus dem Tipo 33 stammenden Kraftwerk sowie der GTV Turbodelta, aufgebaut nach Gruppe-4-Reglement. Privatiers setzen den GTV 6 sogar noch in der ersten Hälfte der 1980er-Jahre erfolgreich bei den Asphaltwettbewerben der Rallye-WM ein. 🍀

Die erste Serie besticht durch stilvolle Filigranität.

Der Sechszylinder des GTV 6 wohnt unter einer Hutze.

Große Leuchten und Prallflächen sowie neue Räder kennzeichnen die zweite Serie.

GIULIETTA RELOADED

GIULIETTA

Während sich die Alfetta zusehends als Nachfolger für die Berlina etabliert, soll die Giulietta in die – zugegebenermaßen großen – Fußstapfen der Giulia treten. Zwar wählen die Strategen mit Giulietta einen gleichermaßen bekannten wie auch wohlklingenden Namen – der Auftritt des im Centro Stile Alfa Romeo entworfenen Viertürers bricht jedoch mit der Tradition. 1977, 22 Jahre nach der Vorstellung der Namensvetterin, erscheint ein Wagen, dessen Keilform nicht von ungefähr Assoziationen an die aufsteigende Silhouette der in der Sportwagen-Weltmeisterschaft dominanten Rennwagen-Keile des Werksrennstalls weckt. Natürlich lässt sich die kompromisslose Linienführung des Tipo 33 und anderer seit Ende der 1960er-Jahre mit Spoilern versehener Rennboliden nicht direkt auf eine Mittelklasse-Limousine übertragen. Dennoch erweist sich diese Form als wegweisend.

Doch als Alfa Romeo den Wagen auf der IAA 1977 erstmals zeigt, ist das Befremden noch groß. Hohe Kofferräume mit integrierter Spoilerlippe kommen erst Anfang der 1980er-Jahre in Mode. Jenseits gängiger Standards ist auch die aus der Alfetta stammende Transaxle-Bauweise nebst De-Dion-Hinterachse mit innen liegend montierten Scheibenbremsen sowie Drehstäben für die Federung der einzeln aufgehängten Vorderräder. Der Radstand von 2510 Millimetern ist identisch mit dem von Giulia und Alfetta. Die Giulietta erscheint zunächst mit den von der Giulia bekannten, jedoch überarbeiteten Alu-Vierzylindern mit 1,3 und 1,6 Liter Hubraum und 95 beziehungsweise 109 PS.

Zwei Jahre später erweitert die Giulietta 1.8 das Modellangebot, und im Jahr darauf, 1980, folgt die Giulietta Super mit dem bereits bekannten starken Zweiliter-Motor. Der ebenfalls zwei Liter große, von VM zugekaufte Selbstzünder mit 82 PS ist ab 1983 – zwei Jahre später als in der Alfetta – auch für die kompaktere Giulietta erhältlich. Zu diesem Zeitpunkt hat die Giulietta bereits geringe Retuschen über sich ergehen lassen: So sind die seit 1981 sich mit einem L (für Lusso wie Luxus) schmückenden Giulietta-Modelle inzwischen mit einer seitlichen Stoßleiste, neuen Türgriffen und überarbeitetem Interieur mit neuem Lenkrad und Mittelkonsole versehen. Was bleibt, ist das verspielt wirkende Instrumentarium mit den gegenläufigen Zeigern für Tacho

DIE KEILFORM ALS REMINISZENZ AN DIE RENNFLUNDERN BRICHT MIT GÜLTIGEN LIMOUSINEN-KONVENTIONEN

und Drehzahlmesser. Von innen verstellbare Spiegel, getönte Scheiben, Radiovorbereitung mit Scheibenantenne, Nebelscheinwerfer, eine Hochdruckwaschanlage und Wischer für die Hauptscheinwerfer gehören zu den kleinen Ausstattungsdetails, mit denen sich Alfa Romeo einmal mehr von der ungleich sachlicheren Konkurrenz abhebt. 1983 erhält die »Nuova Giulietta« eine weitere Modellpflege, zu der ein neues Armaturenbrett und verschiedene neue Ablagemöglichkeiten zählen. Die neu geformten Rücksitze verfügen nun ebenfalls über Kopfstützen. Von außen ist die letzte Serie der Giulietta an den großvolumigen Stoßleisten und -fängern (vorn mit integrierten Nebelscheinwerfern) sowie den unterhalb der Leuchten in einem dunklen Kunststoffband eingebetteten Nebelrückleuchten identifizierbar.

Die ersten Exemplare mit diesem Outfit stammen direkt von Autodelta. Die 170 PS starke Giulietta 2.0 Turbodelta ist als Homologationsmodell für den Sporteinsatz des kompakten Viertürers vorgesehen. Die Giulietta soll in die Fußstapfen des viermal in Folge zum Europameister gekürten Alfetta GTV 6 treten. Doch der Serienanlauf des Giulietta-Nachfolgers Alfa 75 ist bereits in Sichtweite und so bleibt der Giulietta 2.0 Turbodelta der Schritt auf die Piste verwehrt. Dennoch entstehen 1984 insgesamt 361 Exemplare dieses gut ausgestatteten und 206 km/h schnellen Modells. 🍀

Schwachstelle der abgehalfterten Giulietta ist die defekte Synchronisation des zweiten Gangs. Sie macht nicht selten in kaltem Betriebszustand den direkten Wechsel von der ersten in die dritte Gangstufe notwendig. Der drehmomentstarke Motor macht es möglich.

STILE ALFA ROMEO

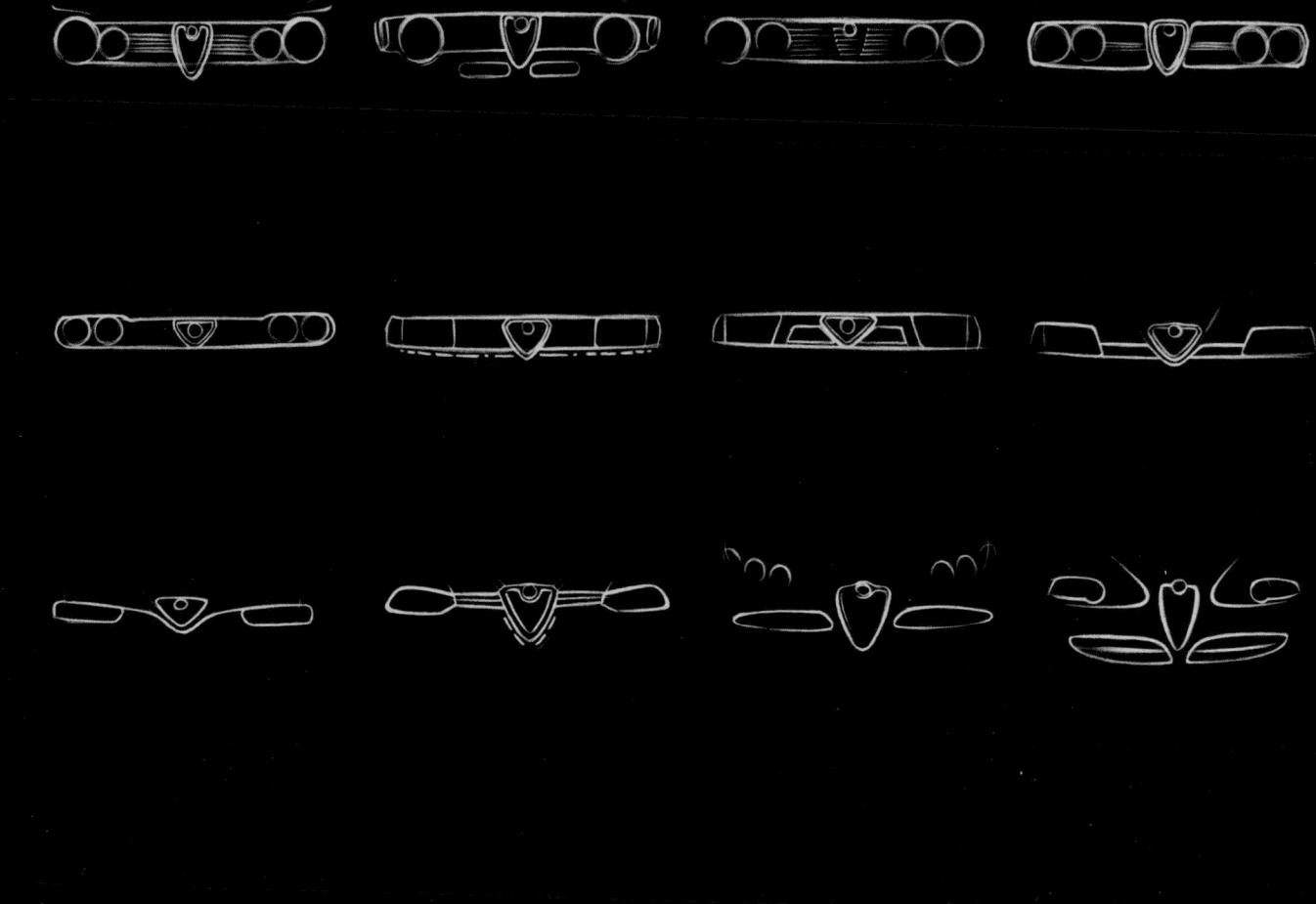

DAS DESIGN VIELER ALFA ROMEO SPRICHT DIREKT MIT DEM HERZEN – UND DAMIT IST NICHT DAS SCUDETTO GEMEINT

Alfa Romeo, das ist eine Geschichte voller Emotionen, geprägt von tiefer Leidenschaft. Die Authentizität der Fahrzeuge beruht auch auf einem charakterstarken Design, geschaffen von leidenschaftlichen Automobilisten für leidenschaftliche Automobilisten. Und, anders als bei den meisten Marken der Welt, wird diese Leidenschaft geteilt und mit getragen von den namhaftesten Karosseriekünstlern, deren Historie eng verwoben mit der der Marke Alfa Romeo ist. Die Künstler heißen unter anderm Carlo Felice Anderloni, Battista und Sergio »Pinin« Farina, Nuccio Bertone, Franco Scaglietti, Giorgetto Giugiaro oder Marcello Gandini. Ihre Ateliers hören auf die Namen Carrozzeria Touring, Zagato, Castagna, Stabilimente Pinin Farina (ab 1961 Pininfarina), Bertone oder Ital Design beziehungsweise Giugiaro.

In den Pioniertagen des Automobils und den frühen Jahren der Marke liefert der Automobilhersteller zumeist motorisierte Chassis und einen Karosseriebauer der Wahl des Kunden. Aufmerksam machen die Carrozziere mit Einzelstücken, die bei den Concorsi d'Eleganza vorgestellt oder in besseren Kreisen der Gesellschaft bewegt werden. Das gilt auch für Alfa Romeo. Dennoch kristallisiert sich mit der in der Mailänder Nachbarschaft sitzenden Carrozzeria Touring schnell ein Haus- und Hof-Lieferant heraus, dem durch Zagato eine ernst zu nehmende Konkurrenz für sportlich aufgebaute Versionen erwächst. Das bleibt so bis in die frühe Nachkriegszeit.

Eine eigene Designabteilung besitzt Alfa Romeo erst ab 1956. Zuvor betreut das Technische Büro der Marke, in Person von Ferruccio Palamidessi, das Design der Modelle wie 1900 oder Giulietta. Giuseppe Scarnati wird der erste Direktor des Centro Stile Alfa Romeo und bleibt es bis 1975. Berühmt wird er als Vater der Giulia, und Modelle wie der »Bertone«, Spider, Junior Zagato und Montreal belegen, dass Alfa Romeo die stilbildende Verantwortung weiterhin auf verschiedene Schultern zu verteilen vermag.

Sowohl im Centro Stile Alfa Romeo als auch in dem für die automobile Gestaltung des gesamten Konzerns verantwortlichen Centro Stile Fiat in Turin gibt es fensterlose Räume, die Raum und Licht für die diskrete Beurteilung möglicher zukünftiger Modelle bieten. Selbstverständlich gehören auch Drehscheiben dazu, wenn die Vorstände ein Urteil über die Zukunft der Marke abzugeben haben.

1976 tritt Ermanno Cressoni in die Fußstapfen von Scarnati. Alfetta, Alfetta GT, Alfasud und Alfasud Sprint sind bereits am Leben, die Marke in punkte Verkaufszahlen auf dem Zenit. Cressoni gehört bereits seit 1966 dem mittlerweile in Arese ansässigen Team an, ehe er an die Spitze drängt und die Verantwortung für das Styling von Modellen wie die Nuova Giulietta, den Alfa 33 (der Limousine, denn den Sport Wagon darf Pininfarina zeichnen) oder Alfa 75 übernimmt. Er übergibt 1986, nach Fertigstellung des Alfa 164, das Staffelholz an Walter de'Silva und wechselt nach Turin. Dort wird er Leiter des Centro Stile Fiat und somit zum Dirigenten über ein Orchester von Kreativen wie Chris Bangle, Walter de'Silva oder Andreas Zapatinas. Unter Cressonis Ägide polarisieren die Fahrzeuge eher, als dass sie spontanes Lob erhalten. Für die »Hingucker« sorgen weiterhin die bekannten Design-Institute.

Diese Zeichnung zeigt den Tipo 103, Alfa Romeos erstes Frontantriebsmodell, das es indes nicht zur Serienreife bringt.

De'Silva wird 1986 praktisch als letzter Manager noch von Alfa Romeo – und nicht von Fiat – eingestellt. Er kommt über Fiat und I.DE.A. nach Arese. Mit dem Etablieren einer Familienähnlichkeit – wie später auch bei Audi und Volkswagen – der verschiedenen Modelle vom Alfa 164 bis zum Alfa 33 (nach dem letzten Facelift) und dem Concept Car Proteo gibt er dem Centro Stile Alfa Romeo neues Selbstvertrauen. De'Silva erweist sich als glänzender Politiker und versteht es den Stellenwert des Designs hervorzuheben. Im Zusammenspiel mit Paolo Cantarella und Roberto Testore entwickelt das Team des heutigen Volkswagen-Chefdesigners Modelle wie den Nuvola, Alfa 156 und Alfa 166. De'Silva wird praktisch zum »Doktorvater« für den Deutschen Wolfgang Egger, der den Nuvola gestaltet und seine maßgeblichen Spuren am Alfa 166 und Alfa 156 hinterlässt. Zu nennen ist auch der seit 1993 in der Designmannschaft wirkende Zbigniew Maurer, dessen Ideen bei der Gestaltung des Alfa 156 von entscheidender Bedeutung sind. Zwei weitere lange Jahre bei Alfa Romeo wirkende Designer, deren Namen nicht in der Öffentlichkeit auftauchen, obwohl sie eine wichtige Rolle spielen, sind Giovanni Rosti und Carlo Giavazzi. Beide gelten als die Kreativen hinter dem Alfa 147, für den sowohl de'Silva als auch Zapatinas und Egger genannt werden.

Wolfgang Egger gehört dem Team bereits seit 1989 an und wechselt zehn Jahre später gemeinsam mit de'Silva zu Seat in den Volkswagen-Konzern. Nachfolger an der Spitze des Centro Stile Alfa Romeo wird Andreas Zapatinas. Der Grieche hat zuvor Spuren bei Fiat und BMW hinterlassen. Dort arbeitet er jeweils mit Chris Bangle zusammen, zeichnet unter anderem die Barchetta und erfindet die »Corona«, das unverwechselbare Taglichtdesign von BMW. Und während seines Schaffens im Turiner Bangle-Team gibt er auch dem Heck des Alfa 145 seine knackige Form. Seine Zeit an

Wolfgang Egger ist der begleitende Genius von Walter de'Silva und verantwortet das Centro Stile Alfa Romeo ab 2002. Von ihm stammen unter anderem der Nuvola und 8C Competizione.

ALFA ROMEO IST EINE ÜBERZEUGUNGSSACHE; EGGER WIRD ZUM WIEDERHOLUNGSTÄTER

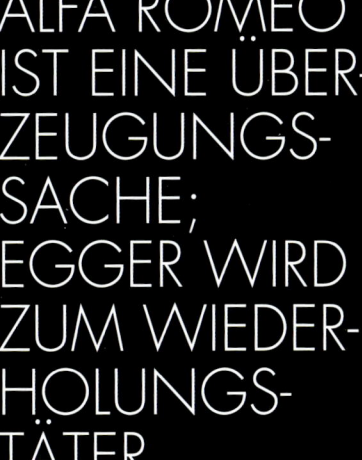

131

IM CENTRO STILE LEBEN VERGANGENHEIT, GEGENWART UND ZUKUNFT IM HARMONISCHEN MITEINANDER

der Spitze des Areser Büros währt nicht lange. Nach zwei Jahren gibt er – genervt von der Politik hinter den Kulissen und dem Hin und Her auf der Autobahn Mi-To – 2002 einem Ruf von Subaru nach. Damit wird der Weg frei für Egger, der bereits kurz zuvor Heimweh empfindet und Seat wieder verlassen hat, um über Lancia auf den Chefposten des Centro Stile Alfa Romeo zu wechseln.

Egger lenkt das Studio von 2002 bis 2007. Nach Ende der letzten GTV- und Spider-Produktion anno 2000 gleicht das Centro Stile in Arese einer letzten Bastion. Tatsächlich sind Museum, Archiv und Designzentrum die letzten noch in Betrieb befindlichen Teile auf dem großen, einer Industriebrache gleichenden Areal. Nicht nur aus wirtschaftlichen Gründen gilt es für Egger Kompromisse zu schließen und kreative Wege auch bei der Finanzierung und Durchführung von speziellen Projekten einzuschlagen. Der 8C ist dafür ein Zeichen. Der 2003 in Genf gezeigte Kamal lernt leider nicht das Laufen, erfüllt Egger und sein Team aber mit Stolz. Traurig macht ihn, dass die formale Verantwortung für den Nachfolger des Alfa 156 an Giugiaro vergeben wird. Seine moderne Interpretation einer Giulia hat bereits 1:1 Form angenommen. Doch die Entscheidung für Giugiaro beruht auch auf wirtschaftlichen Berechnungen, schließlich übernehmen die Turiner die Industrialisierung des neuen Fahrzeugs.

Die hinter diesen Entscheidungen steckende Komplexität, die um ein Wesentliches gestiegenen an ein Automobil gestellten Anforderungen und der mit den hohen Stückzahlen einhergehende Erfolgsdruck sind verantwortlich für den Wandel, dem Automobildesign und ihre Macher über die letzten Jahrzehnte unterworfen sind.

DER 8C COMPETIZIONE MARKIERT DEN HÖHEPUNKT DES SCHAFFENS IN ARESE

Mario Favilla ist der Grandsignore des Centro Stile Alfa Romeo und begleitet bereits die Entstehung der Alfetta.

Die Zeichnungen stammen aus der Entstehungszeit der Giulia.

Auch Arbeit am Modell gehört zu den Schritten auf dem Weg zum fertigen Fahrzeug. Dieses Foto zeigt Arbeiten am

E gger verlässt Alfa Romeo und hinterlässt den MiTo. Das Staffelholz übernimmt 2007 Frank Stephenson. Er kommt über Ferrari und Lancia. Doch es sind bewegte Zeiten bei Fiat, im Management von Alfa Romeo und somit auch im Design. Bereits im Jahr darauf tritt mit Christopher Reitz ein ehemaliger Audi- und Nissan-Designer in Arese an. Aber auch seine Amtsperiode währt nicht lange: 2010 schließt Fiat »das kleine Gallische Dorf in Arese« und integriert das Centro Stile Alfa Romeo in das Turiner Studio. Somit baut das Centro Stile Fiat seine Bedeutung als Konzernstudio aus. Lancia-Designer Marco Tenconi übernimmt einstweilen die Verantwortung für die Gestalt von Alfa Romeo in dem von Roberto Giolito geleiteten Konzerndesign. Giolitos streitbarster Entwurf ist übrigens der Multipla Fiat. Gefeiert wird er für die gelungene Formgebung des wiedergeborenen Fiat 500.

Und auch die namhaften Designstudios können weiterhin nicht die Hände von Alfa Romeo lassen. Zum 100. Geburtstag haben sowohl Bertone als auch Pininfarina eindrucksvolle Geschenke vorbereitet. Ausgepackt werden sie auf dem Genfer Salon 2010. So schließt sich der Kreis für eine Marke, deren Anziehungskraft so groß ist, dass sie sich auch weiterhin der Kreativität vieler Kräfte sicher sein kann. ☘

Das futuristische Concept Car Bertone Alfa Romeo Pandion gehört zu den Stars des Genfer Salons 2010. Der 2+2 basiert auf dem 8C.

Mit dem Zuettotanta Concept präsentiert Pininfarina ein Auto mit Spider-Tugenden. Unter der Haube arbeitet der moderne, aufgeladene 1750er.

DAS CENTRO STILE ALFA ROMEO STEHT AUCH IMMER IM WETTBEWERB MIT NAMHAFTEN DESIGNERN

Der Kamal hätte gut in die Zeit gepasst. Leider passt er Alfa Romeo zwischenzeitlich nicht in den Geldbeutel.

Die Heckklappengestaltung mit vollends integrierten Rückleuchten des Kamal, in einer 2003 gezeigten SUV-Studie, nimmt die später von Opel (beim Insignia) und Audi (bei Q7 und Q5) präferierte Lösung vorweg.

MIT ECKEN UND KANTEN

ALFA 33
ALFA 33 GIARDINETTA
ALFA 33 SPORT WAGON

Der Alfa 33 gewinnt in Daytona, bei der Targa Florio und in der Sportwagen- beziehungsweise Marken-Weltmeisterschaft – mit acht, später zwölf Zylindern zwischen Fahrer und Hinterachse sowie ebenso attraktiven wie flachen Kunststoffkarosserien. Und auch bei automobilen Modenschauen, auf den für die Europäer wichtigsten Salons, wecken verschiedene Concept Cars auf Basis des Alfa 33 Aufmerksamkeit.

Für Aufmerksamkeit ganz anderer Art sorgt der Alfasud. Technisch ist der anspruchsvolle Kompaktwagen ein Volltreffer, doch gravierende Rostprobleme schädigen das Image der Marke nachhaltig. Und das ist dann auch Grund dafür, dass der 1983 vorgestellte Alfa 33 optisch mit seinem Vorgänger bricht. Nichts soll an den von starken Korrosionserscheinungen betroffenen Alfasud erinnern. Um dem Wagen von Beginn an Glanz zu verleihen, bedienen sich die Alfa-Verantwortlichen der siegreichen Ziffer des Sportwagen-Prototypen Tipo 33. Unter der eigenwillig gestalteten, im Centro Stile Alfa Romeo entwickelten Karosserie verbirgt sich indes weiterhin die Plattform des Alfasud. Sein Layout erweist sich als derart genial, dass es auch noch elf Jahre nach seiner Premiere modern und in der Kompaktklasse wettbewerbsfähig erscheinen.

So erbt der ausschließlich als Fünftürer angebotene Alfa 33 die von Fachmedien und Kunden bereits beim Sud geschätzte Agilität, die einzigartig tiefe Sitzposition und – dank des kurz und tief bauenden Boxer-Triebwerks – das in dieser Klasse unüblich großzügige Raumgefühl. Anders als beim parallel angebotenen ARNA mit 1,2-Liter-Boxer wird der Alfa 33 mit den bereits von den letzten Alfasud-Modellen bekannten vierzylindrigen Boxermotoren mit 1,3 und 1,5 Liter

DER ALFA 33 BIETET GESCHÄTZTE AGILITÄT IN EINER GEWÖHNUNGSBEDÜRFTIGEN VERPACKUNG

Die Optik ist bereits seit dem Alfasud vertraut: Der flache Vierzylinder-Boxer braucht nur wenig Platz unter der Haube.

Hubraum angeboten. Ab November 1984 gesellt sich die allradgetriebene 4x4-Version zu den leichtgewichtigen Fronttrieblern. Sie wird bei Pininfarina montiert und ist ausschließlich mit dem Eineinhalbliter-Aggregat erhältlich. Im zeitgleich vorgestellten, luxuriös geprägten »Quadrifoglio Oro« leistet der Motor 95 Pferdestärken. Für sportlicher veranlagte Alfisti mobilisiert das Triebwerk aus dem gleichen Hubraum, und ebenfalls mittels zweier Doppelvergaser, auch 105 PS. Der Wagen hört dann auf die Bezeichnung »Quadrifoglio Verde«, dessen Erscheinungsbild von in Wagenfarbe lackierten Stoßfängern, neu gestalteten 14-Zoll-Alurädern und Sportsitzen geprägt ist. Eine Zentralverriegelung gehört ebenso zum Lieferumfang wie elektrische Fensterheber. Derartiger Bedienkomfort ist der Kompaktklasse in jenen Jahren eher fremd.

DER ALFA 33 VERKAUFT SICH NAHEZU EINE MILLION MAL

An das Design gewöhnen sich die Kunden rasch. Der Alfa 33 erweist sich durchaus als Erfolg. Wahrlich gewöhnungsbedürftig ist jedoch die anfängliche Gestaltung des Armaturenbretts: Sie besteht aus hartem Kunststoff, das aufgrund des Designs einen grobschlächtig geschnitzten Eindruck hinterlässt. Instrumente und Bedienelemente wirken wie zufällig und verspielt verteilt. 1986, mit Premiere der großen Modellpflege, wird es durch ein geglättetes, zeitgemäß harmonisches Bauteil ersetzt.

Mit Markteinführung der zweiten Serie erhält auch ein 114 PS starkes Boxer-Triebwerk mit 1,7 Liter Hubraum Einzug in die Modellpalette. Der ebenfalls in Pomigliano d`Arco komplettierte Alfa 33 Diesel mit seinem rau laufenden Dreizylinder-Diesel aus dem Hause VM bleibt dagegen dem italienischen Markt vorbehalten.

Zwei Jahre zuvor, 1984, erscheint mit der Giardinetta eine Kombiversion des Alfa 33. Der von Pininfarina entworfene Fünftürer wird zum Vorbild für die wenige Jahre später über die Maßen populäre Kategorie sportlicher »Edellaster«. 1988, als die Gemischaufbereitung der 33er-Triebwerke von Vergasern auf eine elektronisch geregelte Einspritzanlage umgestellt wird, erhält die Giardinetta (die im Italienischen Assoziationen zum Gärtnern weckt) auch einen neuen, besser zum »Lifestyle«-Anspruch des Fahrzeugs passenden Namen: Sport Wagon.

1990 erfährt der Alfa 33 dann eine tiefgreifende Überarbeitung: Das Erscheinungsbild der Front wird dem des größeren Bruders, dem Alfa 164 angeglichen. Scheinwerfer und Motorhaube sind nun aerodynamisch schräg gestellt und schaffen durch den somit vergrößerten vorderen Überhang Platz für einen neuen 16-Ventil-Motor (1.7 IE 16V Quadrifoglio Verde mit 133 PS) sowie den Antrieb der Servolenkung. Und auch am Heck sorgt ein jetzt durchgehendes Leuchtenband für eine Familien-

1983 präsentiert Alfa Romeo den allradgetriebenen Alfa 33 4x4.

Im Jahr darauf erscheint mit dem Alfa 33 Giardinetta der erste »Lifestyle-Kombi«.

DER ALFA 33 IST EINE BE-LIEBTE MÖG-LICHKEIT ZUM EINTRITT IN DIE ALFA-WELT

ähnlichkeit mit der stilistisch vom Alfa 164 geprägten Modellpalette. Moderne Bügelgriffe ersetzen die vormals bündig in die Türen eingesetzten Türöffner. Im Interieur ändert sich lediglich die Heizungsbetätigung, die jetzt über Drehregler anstelle der zuvor eingesetzten Schieber reguliert wird. Technisches Highlight ist der Alfa 33 Permant 4 mit – wie der Name bereits sagt – permanentem Allradantrieb und einem wunderschönen Lederlenkrad aus dem Hause Nardi. Airbag, Seitenaufprallschutz, aber auch ABS und andere Sicherheitsfeatures, die Anfang der 1990er-Jahre auch in der Kompaktklasse zum Standard werden, finden allerdings nicht mehr den Weg in die grundsätzlich aus den späten 1960er-, beziehungsweise frühen 1970er-Jahren stammende Plattform. Und obgleich die Kunden dem quirligen 33er lange Zeit die Treue halten, stellt sich den Alfa-Verantwortlichen die Aufgabe, einen auch im Blick auf die Produktionskosten zeitgemäßen Nachfolger auf die Räder zu stellen. Damit kommt der nach der Fiat-Übernahme auf den Markt gebrachten dritten Serie automatisch die Rolle eines Interimsmodells zu. Dass der Alfa 33 dann doch noch bis 1994 leben darf, hängt damit zusammen, dass Turin (Fiat) und Mailand (Alfa Romeo) binnen kürzester Zeit das ganze Modellportfolio zu überarbeiten haben.

Mit dem Alfa 33 1.8 Turbodiesel produzieren die Italiener zwischen 1986 und 1994 im süditalienischen Pomigliano d'Arco ein ausschließlich den heimischen Markt vorbehaltenes Modell. Wie schon beim Vier- und Fünfzylinder ist auch dieses Triebwerk bei VM eingekauft. Aber VM gehört – wie Alfa Romeo bis Mitte der 1980er-Jahre – in den Einflussbereich der staatlich kontrollierten IRI-Gruppe. Bei dem Diesel für den Alfa 33 handelt es sich nicht um einen Boxer, sondern einen aufgeladenen Reihendreizylinder mit 1779 cm³ Hubraum, der seine 74 PS bei dieseltypisch moderaten 4000 U/min auf die Kurbelwelle stemmt.

Insgesamt entstehen 866 958 Alfa 33 in Form der kompakten Limousine und noch einmal 122 366 Giardinett beziehungsweise Sport Wagon. Damit stößt diese Baureihe an die magische Millionengrenze und übertrifft noch die Produktionszahlen des Alfasud, dem bis dahin erfolgreichsten Modell der Marke. ☘

Die Top-Version des Alfa 33 hört auf die Bezeichnung Alfa 33 S 16V Quadrifoglio Verde Permanent 4 und hat – nomen est omen – permanenten Allradantrieb.

1990 erhält der Alfa 33 eine Optik ähnlich der des Alfa 164. Nun sind auch 16 Ventile, Servolenkung und ABS ein Thema.

Ab 1988 wird die Giardinetta zum Sport Wagon. Die Bezeichnung wird seinem »Edel-Laster«-Charakter gerechter.

EIN VERTRETER AUS DER ZWISCHENZEIT

ALFA 90

Wie schon bei der Berlina versteht sich Bertone darauf, einer bekannten Plattform ein attraktives neues Äußeres zu verpassen.

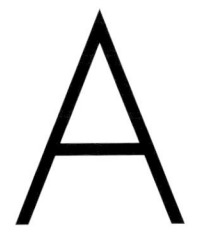lfa Romeo beauftragt Bertone damit, einen Nachfolger für die Alfetta in Form zu bringen. Resultat ist der Alfa 90, dessen numerische Nomenklatur, nach Alfa 6 und Alfa 33, für die Marke zur Regel erklärt wird. Doch so neu, wie es die Bezeichnung vorgibt, ist die 1984 vorgestellte Limousine nicht. Unter der von glatten Flächen und klaren Kanten geprägten Karosserie mit robusten Kunststoff-Stoßfängern verbirgt sich die bereits seit zwölf Jahren bekannte Alfetta-Plattform. Nicht nur Radstand und Platzverhältnisse im Innenraum bleiben identisch, auch die Technik ist bereits vertraut. So erscheint der Alfa 90 mit dem 120 PS starken 1,8-Liter-Motor und dem 128 PS starken Zweiliter (132 PS als Vierzylinder-Einspritzer) sowie der aus Alfa 6 und Alfetta GTV 6 bekannten 156 PS leistenden V6-Maschine. Dazu kommt noch das ebenfalls vertraute Selbstzünder-Aggregat aus dem Regal von Motorenhersteller VM: der 2,4-Liter-Vierzylinder-Turbodiesel mit 110 PS. Dazu gesellt sich 1985 dann noch der – wegen der Steuergesetzgebung – für den italienischen Markt wichtige auf zwei Liter Hubraum reduzierte V6 mit 132 PS. Der Griff zur bereits bekannten Plattform ist der damals bedrohlichen wirtschaftlichen Lage von Alfa Romeo geschuldet.

Anders als das wirtschaftliche Ergebnis des Unternehmens können sich jedoch die Fahrleistungen des Alfa 90 durchaus sehen lassen: Schließlich gehört der Alfa 90

DER ALFA 90 HAT ZWEIFELSFREI CHARAKTER UND EINE PERFEKTE BALANCE ZWISCHEN VORDER- UND HINTERACHSE

2.5 6V iniezione in den damals noch elitären »Club 200«. Die 200-km/h-Marke erreicht der Viertürer übrigens – wegen seiner auf Wirtschaftlichkeit ausgelegten Getriebeübersetzung – im vierten Gang des an der Hinterachse montierten Fünfganggetriebes. Ein geschwindigkeitsabhängiger, variabler Frontspoiler verbessert Aerodynamik und Straßenlage der Transaxle-Limousine auch bei höheren Geschwindigkeiten. Durch den Gegenwinddruck gesteuert fährt dieses an kleinen Gasdruckdämpfern befestigte Bauteil jenseits von 80 km/h aus. Und das erstmals bei Alfa Romeo zum Einsatz kommende Anti-Blockier-System (ABS) perfektioniert den Bremsweg. In jenen Tagen ist ABS allerdings noch aufpreispflichtig und bleibt den Sechszylindern vorbehalten.

Skurril muten einige Ausstattungsdetails an: So ist der Handbremshebel beispielsweise als Bügel ausgebildet, und auf der Beifahrerseite ist auf Wunsch ein herausnehmbarer Koffer als zweites Handschuhfach integriert. Die Schalter für die elektrischen Fensterheber befinden sich nebst dreier Leselampen – wie in einem Hubschrauber – im Dachhimmel. Und die Insassen des Alfa 90 der ersten Baujahre blicken auf ein Instrumentarium, das sich aus Leuchtdioden und Digitalanzeigen zusammensetzt und alsbald den Spitznamen Mäusekino trägt.

1986 weichen die avantgardistischen Anzeigen klassischen Rundinstrumenten. Auch der Koffer im Armaturenträger und der je nach Anströmwiderstand variable Spoiler verschwinden. Zu dieser Zeit steht bereits mit dem 1987 vorgestellten Alfa 164 der Nachfolger des Alfa 90 in den Startlöchern. So entstehen in der vierjährigen Produktionszeit lediglich 56 428 Alfa 90, von denen gerade einmal 1489 in Deutschland zugelassen werden. Der Alfa 90 2.0 iniezione rangiert mit einem Preis von 29 900 Mark noch knapp unterhalb der 30 000-Mark-Grenze. Für den luxuriös ausgestatteten 2.5 V6 Quadrifoglio Verde verlangen die Händler laut Preisliste 34 590 Mark. BMW ruft für den vergleichbaren, ebenfalls 200 km/h schnellen, 150 PS starken 525i mit sechs Zylindern 35 150 (1984) beziehungsweise 39 200 Mark (1986) auf. ♣

Mit der Modellpflege macht das »Mäusekino« mit LEDs und Digitalanzeigen einer herkömmlichen Uhrensammlung Platz.

Für die der Marke zwischenzeitlich eigene Skurrilität sorgt die Gestaltung der Heckpartie.

GEBURTSTAGSKIND

ALFA 75

DEN SCHENKT SICH ALFA ROMEO VOR EINEM VIERTELJAHRHUNDERT ZUM GEBURTSTAG

1985, 75 Jahre nach Premiere des ersten A.L.F.A., beschenkt Alfa Romeo sich und seine Fans mit einer neuen Mittelklasse-Limousine. Anders als seine Vorgänger Giulia und Nuova Giulietta wird das Jubiläumsgeschenk jedoch auf die Zahl der Jubiläumsjahre statt einen wohlklingenden Namen getauft. Mit dem Alfa 75 hat Alfa Romeo den Charakter der Giulia wiederentdeckt. Und die Tatsache, dass es sich bei dieser sportlichen Limousine um den letzten in Großserie gefertigten Hecktriebler mit Entwicklungsursprung von Alfa Romeo in Arese handelt, macht ihn für Alfisti unsterblich.

Das technische Layout des Viertürers gleicht dem der Alfetta und Nuova Giulietta. Das heißt: Transaxle-Bauweise mit hinten innen liegenden Scheibenbremsen, Torsionsstabfederung vorn und De-Dion-Achse mit Watt-Gestänge hinten. Sehr zur Freude der Fans haben es die Entwickler verstanden, dem ebenfalls auf dem Alfa-Test- und Prüfgelände in Balocco fein geschliffenen Viertürer die alfatypischen Tugenden anzuzüchten. Mit dem Styling lässt sich nicht wirklich ein Blumentopf gewinnen. Doch trotz seines nicht gerade eleganten Exterieurs und des nicht minder grob geschnitzt wirkenden Interieurs mit dem gewöhnungsbedürftigen, henkelförmigen Handbremshebel findet die Mittelklasse-Sportlimousine schnell einen festen Freundeskreis. Alfa Romeo greift die keilförmige, in Höhe der Fahrgastzelle parallel zur Straße verlaufende Linie des Alfa 33 (Werbeslogan »la Linea«) auf und be-

DER ALFA 75 IST DER LETZTE WURF DES STAATSUNTERNEHMENS ALFA ROMEO UND BLEIBT DIE VORERST LETZTE LIMOUSINE MIT HECKANTRIEB

Faltenbälge an den Stoßfängern, Seitenschweller, ein dezenter Heckspoiler und glatte Felgen markieren die späten Modelle der Baureihe. Fünf Radmuttern verraten sechs Zylinder.

tont sie beim Alfa 75 mit einer auffälligen umlaufenden Kunststoffleiste. Gerade die Vierzylinder (1.6, 1.8, 2.0 und 2.0 Turbodiesel mit 110, 120, 128 und 95 PS) der ersten drei Jahre mit ihren in den Radhäusern verloren wirkenden, durch glattflächige Kunststoffblenden abgedeckten 13-Zoll-Stahlfelgen (14 Zoll beim 2.0) geben einen unharmonischen Eindruck. Die Alufelgen des mit dem traditionsreichen Zusatz »Quadrifoglio Verde« versehenen 2.5 V6 stehen dem agilen Hecktriebler ungleich besser. 1986 werden dann Aerodynamik und Stoßfänger überarbeitet. Mit seitlichen Faltenbälgen versehen stehen sie dem Alfa 75 mit seinen ungewöhnlich angeschnittenen Scheinwerfern gut zu Gesicht. Auf Wunsch gehören Klimaanlage, Scheinwerferwaschanlage, Servolenkung, elektrische Fensterheber, Zentralverriegelung und Bordcomputer zum Lieferumfang.

DER ZWISCHENZEITLICH ANGEDACHTE KOMBI KOMMT – BEDINGT DURCH DIE FIRMENÜBERGABE AN FIAT – UNTER DIE RÄDER

Beim Evolutionsmodell des ebenfalls 1986 vorgestellten 1.8 Turbo (155 PS) ist dann die umlaufende Kunststofflinie am Heck erstmals als Heckspoiler ausgeprägt. Der fällt bei dem für den Einsatz in der Tourenwagen-Europameisterschaft und DTM auf die Räder gestellten Homologationsmodell Alfa 75 Turbo Evoluzione weit weniger auf, als die voluminösen Kotflügelverbreiterungen, die an den Fahrzeugseiten und am Heck montierten Schweller und der mit großvolumigen Öffnungen versehene Frontspoiler.

1987 erinnert sich Alfa Romeo der bereits 1914 für den Grand-Prix-Einsatz erstmals verwendeten und beim GTA mit unzähligen Rennerfolgen bewährten Doppelzündung. Der Zweiliter-Alumotor erhält zwei Zündkerzen pro Zylinder, leistet nun 148 PS und hört fortan auf den Namen TwinSpark. Mittlerweile ist die Gemischaufbereitung mittels Kraftstoffeinspritzung Standard, in den jungen Jahren des Modells werden die Vierzylinder noch von Vergasern gespeist. Heute gelten speziell die Modelle der 1991 produzierten Sonderserie »Limited Edition« als gesuchte Raritäten – aufgewertet durch Recaro-Sitze und schmucke 16-Zoll-Räder im Look der dreiteiligen Felgen des SZ. Für Kenner stellt der Zweiliter die harmonischste Motorisierung dar. Leistungsfetischisten kommen dagegen mit dem 3.0 V6 America und Europa auf ihre Kosten. Dieses Auto ist wie geschaffen für lange, schnelle Autobahnetappen, schließlich lastet der 189 PS starke Dreiliter-Sechszylinder ungleich schwerer auf der Vorderachse als der Alu-Vierzylinder. Insgesamt werden zwischen 1987 und 1991 9526 dreitürige Alfa 75 produziert, die zum Teil als »Milano« den Weg in die USA finden.

Der Alfa 75 ist der letzte Alfa Romeo, der noch in der Ära unter staatlicher Ägide das Licht der automobilen Welt erblickt. ☘

Der Alfa 75 wird zu einer der beliebtesten Limousinen in Italien. Ausländische Fahrzeuge haben dort damals noch eher Exotenstatus.

Die Premierenversion wirkt ein wenig nackt und hochbeinig.

Im gut bestückten Cockpit herrscht die für die 1980er-Jahre typische geografische Strenge.

DER NEUANFANG

DURCH EINE GENIALE KOOPERATION ERSCHLIESST SICH ALFA ROMEO EINE WETTBEWERBSFÄHIGE PLATTFORM

Mit dem Alfa 164 erobert Alfa Romeo die Herzen von Selbstständigen, Kreativen und Stilbewussten.

Die elegante und moderne Limousine markiert für Alfa Romeo einen Neuanfang. Noch ist die Marke in Händen des Staates, doch der Weg, den Fiat, Alfa Romeo und Saab gemeinsam bestreiten, wird beispielhaft für die gesamte Branche.

Die Linienführung der Limousine entsteht in Zusammenarbeit des Centro Stile Alfa Romeo mit Pininfarina. Neben dem Auftritt entspricht nun auch wieder das Raumangebot den Ansprüchen der Kundschaft von Fahrzeugen der gehobenen Mittelklasse. Die Motorisierung gehört ja traditionell zu den Stärken der Marke.

Hausintern hört der Alfa 164 in seiner Entwicklungszeit auf den Namen »ALBERTO«. Dabei steht »AL« für Alfa Romeo, »BER« für Berlina und »TO« für Turin, letztlich entschließt sich Alfa Romeo aus Kostengründen, die Plattform der nun frontgetriebenen Limousine gemeinsam mit Fiat/Lancia (Fiat Croma und Lancia Thema) und Saab (Saab 9000) zu entwickeln. Tatsächlich gelingt es den drei Kooperationspartnern, trotz der identischen Grundarchitektur vier vollends verschiedene Fahrzeuge mit jeweils markentypischen Charaktereigenschaften zu entwickeln.

Der Alfa 164 Super markiert die gediegene Spitze der großen Frontantriebs-Limousine.

ALFA 164

Dominierendes Gestaltungselement ist eine horizontal geprägte Linienführung. Äußerlich sind die umlaufende Sicke, das rückwärtige Leuchtenband sowie die farblich abgesetzten, umlaufenden Stoßflächen bestimmend. Pininfarinas Entwürfe sind ein Glücksgriff. Sie sind raffinierter und zugleich schlichter als die Alternativen der damals noch von Ermanno Cressoni geleiteten hauseigenen Designabteilung. Sie brechen mit der optischen Schwerfälligkeit seines erfolglosen Vorgängers, dem Alfa 6. Der Alfa 164 wirkt erfrischend leicht und seine klare, geometrisch geordnete Strukturiertheit signalisiert eine Qualitätsgüte, die der Wagen auch technisch zu halten vermag.

Im Innenraum geht es nicht minder geometrisch zu: Auch hier bestimmen gerade Linien und glatte Flächen die Optik. Gewöhnungsbedürftig ist die aufgeräumt wirkende Mittelkonsole mit ihren darin gut versteckten Schaltern. Sie werden bei der zweiten Serie (ab 1992) modifiziert. Und auch unter der Haube verwirklichen sich die Ästheten unter den Technikern und Designer: Die sechs verchromten Ansaugrohre des quer montierten V6 sind ein optischer Leckerbissen, der Klang des Dreiliters ist ein akustischer. Hydraulische Motorlager sorgen für die komfortable Entkopplung des Triebwerks vom Motorhilfsrahmen.

Für den italienischen Markt gibt es ab 1991 auch einen aufgeladenen Zweiliter-V6 mit 171 Pferdestärken. Er löst den ausschließlich 1988 angebotenen Zweiliter-Vierzylinder-Turbo aus dem Fiat-Baukasten ab. 1990 erscheint mit dem Alfa 164 Quadrifoglio eine sportliche Variante des Dreiliters mit

PININFARINAS SCHNÖRKELLOSES, HORIZONTAL GEPRÄGTES DESIGN IST EIN GLÜCKSGRIFF

Der Alfa 164 Procar entsteht für die von Ecclestone ersonnene Silhouette-Rennserie. Unter der Karbonhaut steckt ein 3,5-Liter-Formel-1-Triebwerk.

gut im Futter stehenden 197 PS. Optisch ist der Quadrifoglio an neu gestylten Alufelgen und den umlaufenden Schwellerleisten zu erkennen, die der Limousine den Spitznamen »Hängebauchschwein« bescheren. 1993 kommt der Alfa 164 Q4 mit permanentem Allradantrieb und 232 PS starkem 24-Ventil-Triebwerk in dieser Optik daher. Hinter den neuen, dreiteiligen Alufelgen in klassischem Alfa Lochdesign verbirgt sich das bereits beim Quadrifoglio eingeführte elektrohydraulisch regelbare Fahrwerk. Damit ist der Q4 zu diesem Zeitpunkt der bislang stärkste Serien-Alfa. Obligatorisch für die Top-Version ist ein knackig zu schaltendes manuelles Sechsgang-Getriebe.

Aber auch die elegantere Version erfährt 1992 eine Überarbeitung: Das ebenfalls durch 24 Ventile beatmete, etwas ziviler ausgelegte V6-Triebwerk leistet hier nun 211 Pferdestärken. In der Version »Super« besticht es durch elegante, nun glattflächige und in Wagenfarbe lackierte Stoßfänger und Seitenbeplankungen. Für die Sechszylinder ist auch eine wandlergesteuerte Viergang-Automatik aus dem Hause ZF lieferbar.

Unterhalb der Sechszylinder wird während der kompletten Bauzeit von 1987 bis 1997 der Zweiliter-TwinSpark-Vierzylinder angeboten. Anfangs leisten der Zweiliter (ohne Katalysator) 145, mit Abgasreinigungsanlage 139 PS. Später werden 148 PS genannt. Zu den technischen Höhepunkten der Vierzylinder zählt – neben der Doppelzündung – die Verstellung der Nockenwellen durch einen mechanischen Phasenregler. Er ermöglicht die Anpassung der Ventilöffnungszeiten an den jeweiligen Fahrzustand und verbessert damit die Leistungsentfaltung des Triebwerks. Optisch sind die Vierzylinder übrigens – wie beim Alfa 75 auch – durch die mit vier Muttern befestigten Räder zu erkennen. Neben den Otto-Motoren ist auch ein Turbodiesel mit 2,5 Litern Hubraum und 114 PS (ab 1992 mit 125 PS) erhältlich. Er findet allerdings erst 1994 den Weg auf den deutschen Markt. Mit einer Höchstgeschwindigkeit von 200 beziehungsweise 202 km/h wird der Diesel nun auch für Oberklassefahrzeuge hoffähig.

Zu diesem Zeitpunkt rüstet Alfa Romeo auch in Sachen Sicherheitstechnik auf und stattet den Alfa 164 mit einem Airbag auf der Fahrerseite aus. Insgesamt fertigt Alfa Romeo bis 1997 fast 268 800 Fahrzeuge dieser durchaus beliebten Baureihe. 🍀

In leuchtendem Alfarot mit grau abgesetzten Stoßfängern rundum erscheint der Viertürer 1987.

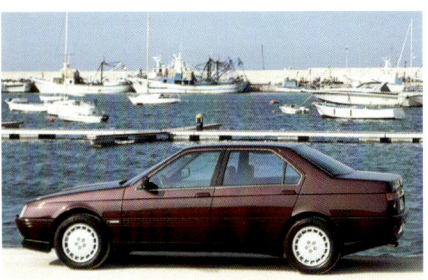

Pininfarinas Formgebung bricht deutlich mit der plumpen Schwerfälligkeit, die noch einen Alfa 6 auszeichnet.

SZ
RZ

IL MOSTRO

Die Rundinstrumente sind einzeln in ein großes Carbon-Panel eingelassen. Das ist damals »ganz großes Tennis ...«

Die sechs Scheinwerfer kennzeichnen den ausschließlich in Rot gefertigten SZ und den in Rot, Gelb und Schwarz lieferbaren RZ. Bei ihm sind auch die Instrumente mit weißen Tachoscheiben lieferbar.

DAS DESIGN DES SZ IST SCHON DAMALS POLARISIEREND. AUF JEDEN FALL IST ES AUSSERGEWÖHNLICH

Das Monster – diesen Spitznamen erhält der dynamische und gewöhnungsbedürftige Sportwagen. Seine ursprüngliche Bezeichnung lautet ES 30. Die traditionsreiche Nomenklatur steht für Experimental Sportscar und drei Liter Hubraum, aber auch zur Erinnerung an den 20-30 ES Sport von 1921, der damals erstmalig mit einem elektrisch betätigten Anlasser aufwartete und mit dem bereits Enzo Ferrari Rennen bestritt. Obgleich bereits erste Prospekte mit der Aufschrift ES 30 gedruckt sind, hört der außergewöhnliche Wagen letztendlich auf das Kürzel SZ und verweist auf die Beziehung zur Carrozzeria Zagato, die für die Fertigung des Keils verantwortlich zeichnet.

Das Design des SZ entsteht im Rahmen eines Wettbewerbs zwischen zwei Designteams. Am Ende erhält der Vorschlag vom Team des damals für das Design von Alfa Romeo, Fiat und Lancia verantwortlichen Mario Maioli im Turiner Centro Stile Fiat den Zuschlag gegenüber dem Entwurf der Designer Walter de'Silva und Alberto Bertelli vom Mailänder Centro Stile Alfa Romeo. Motorjournalist Herbert Völker beschreibt in der »Auto Revue« den Auftritt des SZ mit den Worten »schön ist anders, anders ist schön«. Dem ist nichts hinzuzufügen.

Für den Motorsporteinsatz ist der Wagen nicht gedacht. Dennoch sammelt der SZ auch Rennkilometer, beispielsweise im Rahmen der Trofeo SZ, einem Markenpokal, der 1991 auch im Umfeld des Formel-1-GP in Monaco auftritt. Dafür entstehen insgesamt 28 Wettbewerbsversionen des in erster Linie für Sammler gedachten und auf 1000 Exemplare limitierten SZ.

Das Fahrzeug wird 1989 in Genf, zu Zeiten der Hausse des Oldtimer- und Traumwagen-Marktes präsentiert. Allerdings ist ein Ende des Nachfragebooms für derart extravagante Fahrzeuge bereits abzusehen. Die Preise für zwischenzeitlich exorbitant teure Ferrari

Der RZ baut die Brücke zwischen zwei Generationen des Alfa Spider.

und andere Exoten sinken bereits wieder, und auch für den 1997 vorgestellten und noch in Serie gefertigten Ferrari F40 nähern sich zwischenzeitlich die finanziellen Forderungen in Millionenhöhe wieder dem Listenpreis. Doch der SZ ist nicht als weiteres automobiles Geldanlageobjekt gedacht. Mit dem kompromisslosen Zweisitzer demonstriert Fiat, seit 1987 Eigentümer der ehemals staatlich kontrollierten Mailänder Marke, dass auch die Turiner in der Lage sein werden, die Marke mit weiteren avantgardistischen, sportlichen und anspruchsvollen Fahrzeugen zu pflegen und zu führen. Der SZ soll die eingeschworene Gemeinde der Alfisti beruhigen.

Letztendlich entstehen jedoch trotz des einbrechenden Marktes für derartige Fahrzeuge – mit anfangs 83 000 und später knapp 100 000 Mark ist der SZ alles andere als ein Schnäppchen – zwischen 1989 und 1991 insgesamt 1035 der skurrilen Keile. Allerdings verkaufen sich die Fahrzeuge durchaus schleppend und mitunter auch nur dank ordentlicher Nachlässe. Ein Grund für den schleppenden Absatz ist sicherlich die Tatsache, dass der SZ nicht nur mehr Leistung als die angegebenen, zugegebenermaßen gut im Futter stehenden 210 PS vertragen hätte und entsprechend rasant aussieht. Der Hauptgrund der zögerlichen Nachfrage ist aber doch im baldigen Einbruch des Sportwagen- und Klassiker-Booms begründet.

Dennoch lohnt sich der Bau des in der Tradition der leichtgewichtigen Modelle Giulietta SZ und Giulia TZ stehenden SZ – und das nicht nur aus Imagegründen. Seine Fahrwerkstechnik mit Unibal-Gelenken, Niveauregelung und elektronisch geregelten Dämpfern sowie seine Aerodynamik dienen den Fiat- und Alfa-Ingenieuren als Versuchsgebiet.

Auch wenn Leistungsfetischisten unter der eigenwillig geformten Karosserie weitaus mehr als die aus dem Alfa 75 3.0 America stammende Technik erwarten, vermag der fabelhafte Alfa V6 überaus zu faszinieren. Unter der bei Zagato gefertigten und auf ein Stahlblechskelett geklebten Kunststoffkarosserie aus einem speziellen Glasfaserverbundstoff namens Modar verbergen sich auch Bauteile aus der Sportversion des in der Tourenwagen-EM rennenden Alfa 75. Und so bietet der Transaxle-Keil in Einklang mit dem sportlich abgestimmten Fahrwerk dann doch eine überaus sportliche Fahrdynamik.

DER SZ IST EINE ZEITMASCHINE UND KATAPULTIERT DIE ALFISTI IN DIE ÄRA FIAT

Die jeweils drei Scheinwerfer erinnern an die drei Leuchteinheiten, die einst Nuvolaris Rennboliden ins Ziel der Mille Miglia oder Targa Florio leuchteten. Vollends modern ist die Innenraumgestaltung des durchweg alfarot lackierten SZ. Es dominieren naturfarbenes Leder und hochwertiger, cremefarbener Teppich. Und das um den Fahrer gebogene, lederbezogene Armaturenbrett ist – damals viel beachtet – aus Kohlefaser gearbeitet.

Der SZ ist bereits fest in Liebhaberhänden, da stellt Alfa Romeo 1993 aus Kostengründen notgedrungen den Bau des klassischen, 27 Jahre in Produktion befindlichen Spider ein. Die alten Werkzeuge sind verschlissen und erfordern einen Austausch. Doch der rechnet sich nicht mehr, schließlich steht bereits der Nachfolger des Spider in den Startlöchern. Doch der Startschuss für das neue Modell verschiebt sich wegen tiefgreifender Fahrwerksüberarbeitung. Und da Alfa Romeo das in den 1960er-Jahren von Orazio Satta Puliga gegebene Versprechen halten möchte, seiner an offene Autos gewöhnten Klientel stets auch einen Spider anzubieten, beschließt man kurzerhand den Bau von 350 offenen Exemplaren des SZ. Die Bezeichnung für den avantgardistischen Roadster lautet RZ, für Roadster Zagato.

Tatsächlich entstehen nur 241 Exemplare. 40 davon kommen über die Alpen nach Deutschland. Anders als beim ausschließlich in Rot ausgelieferten SZ ist der RZ in Schwarz, Rot und Gelb lieferbar. Technisch und konstruktiv ist er identisch mit dem Coupé. Einzig das unter einer großen Kunststoffhaube versteckte Stoffverdeck unterscheidet ihn vom SZ. Im Innenraum dominieren gleichfalls Carbon und Leder. Der Listenpreis für den ebenfalls bei Zagato gefertigten RZ beträgt 140 000 Mark.

Bis zum Erscheinen des 8C Competizione sind die extravaganten SZ und RZ die letzten Alfa Romeo mit Heckantrieb und nehmen auch dadurch eine Sonderstellung in der Firmenhistorie ein. 🍀

Die Fahrwerksabstimmung des SZ macht der spätere Rennleiter Giorgio Pianta.

Die Stoffhaube des RZ wird elektrisch betätigt und ruht in offenem Zustand unter dem großen Heckdeckel.

NEUE WAGEN
WAGEN

Automobile erfüllen seit jeher auch repräsentative Zwecke, sind Vehikel zur Darstellung ihrer Eigentümer und Projektionen für Wünsche. Und sie vermögen die Fantasie zu beflügeln. Das gilt für die in der Vorkriegszeit von betuchter Klientel bei namhaften Carrozzieri in Auftrag gegebenen Einzelstücke ebenso wie für die auf internationalen Messen präsentierten Concept Cars, die – nomen est omen – oftmals als Meinungsmesser oder Wegbereiter für eine neue Designlinie fungieren.

Die Tradition aufsehenerregend gestalteter Einzelstücke beginnt bei Alfa Romeo bereits 1914 mit dem von der Carrozzeria Castagna in Tropfenform eingekleideten 40-60 Aerodinamica. Auftraggeber ist der Graf Ricotti, der sein aerodynamisch karossiertes Fahrzeug auf bis zu 139 km/h beschleunigen kann. Der Tropfenwagen ist damit 29 km/h schneller als die Serienversion. Allerdings ist es in dem Wagen höllisch laut und heiß, sodass bereits kurze Zeit später das Dach aufgeschnitten und die extreme Formgebung ad

Ferricio Bertone inspiziert den Carabo, einen aufsehenerregenden Keil auf Basis des Tipo 33, den Matchbox und Co. millionenfach in unsere Kinderzimmer bringen.

absurdum geführt wird. Es folgen zahlreiche weitere interessante Fahrzeuge, schließlich werden die exklusiven Modelle aus Portello allzu gern individuell karossiert. Vor allem Mitte der 1930er-Jahre sorgen Touring oder Pinin Farina mit aerodynamisch geformten Aufbauten für Aufmerksamkeit. Mit der Superleggera-Bauweise, bei der eine dünne Aluminiumhaut über einen filigranen Gitterrohrrahmen gelegt wird, beschert die Carrozzeria Touring eine neue Konstruktionstechnik. Die aerodynamische Gestaltung lässt die ehemals ausladenden Kotflügel zunehmend mit dem Wagenkorpus verschmelzen. Klappscheinwerfer – wie von Pinin Farina gezeigt – sind eine weitere Möglichkeit, die Form zu glätten und die großen Leuchtmittel aus dem Fahrtwind zu nehmen.

Automobilmessen genießen noch nicht ihre heutige Bedeutung. Die Laufstege, auf denen automobile Mode präsentiert wird, sind Schönheitswettbewerbe, wie der Concorso d'Eleganza Villa d'Este. Erst nach dem Krieg werden die Musterschauen – nach Vorbild der Berliner Automobil Ausstellung oder Londoner Motor Show – zusehends in Messehallen verlegt. Und fortan stehen Genf, Turin, Paris oder Frankfurt für die Orte, an denen von großem Publikum beachtete Premieren stattfinden.

FÜHRENDE KREATIVE SORGEN SEIT JEHER DAFÜR, DASS WIR ALFA ROMEO TRÄUMEN KÖNNEN

Turin ist beispielsweise der Ort, an dem Alfa Romeo und Bertone 1954 mit der Coupé-Variante Sprint das Kapitel Giulietta aufschlagen. Bekanntermaßen erhält Pinin Farina den Zuschlag für die Gestaltung des Giulietta Spider. Aber auch Bertone empfiehlt sich – und das ist typisch für jene Zeit – mit einem in 1:1 Gestalt gewordenen Fahrzeug für diese Aufgabe. Die Karosseriebau-Unternehmen und Designstudios gehen mit oftmals fahrfähigen Mustern auf Kundenschau. Mitunter verkaufen sie ihre Entwürfe auch an andere Hersteller als die, die die Basisfahrzeuge stellen. Ein Beispiel dafür ist die 1963 gezeigte Pininfarina-Studie Rondine auf Basis einer Chevrolet Corvette, die das formale Fundament für den 1966 vorgestellten Fiat 124 Spider bildet.

Vornehmlich bereiten Concept Cars Trends vor. Aber auch Beharrlichkeit kann zum Serienerfolg führen. Wie zum Beispiel beim 1966 vorgestellten Spider »Duetto«, dessen Form auf Pinin Farina-Entwürfen basiert, die bereits 1956, gerade einmal zwei Jahre nach Erscheinen des Giulietta Spider, erstmalig gezeigt werden. Mit dem 6C 3500 Super Flow steht 1956 in Turin ein erster Prototyp, der unter anderem die später charakteristische Seitenlinie zeigt. Dem weißen Heckflügel-Coupé mit Plexiglas-Kotflügeln und Flügeltüren folgen der offene und mit »Rundheck« versehene 3500 Spider Super Sport (Genf 1959), das 3500 Coupé Super Sport Speziale (Genf 1960) und der ziemlich seriennahe Spider Speziale Aerodinamica (Turin 1961). Letzterer basiert bereits auf dem Giulietta SS und damit auf großserientauglicher Technik mit klassischem Vierzylinder-Doppelnockenwellen-Triebwerk.

Der »Gazella« von 1948 ist eigentlich ein 6C 3000 und kommt über das Modellstadium nicht hinaus. Er sollte in den 1950er-Jahren die Tradition des 6C 2500 fortsetzen. Doch die Zeit ist noch nicht wieder reif für derartigen Prunk.

Die windschnittige Karosserie dieses 8C 2300 Coupé Aerodinamico stammt aus dem Jahre 1935 und von der Carrozzeria Pinin Farina (damals wird der Name noch getrennt geschrieben).

Die Formfindung für Spider und GTV der Baureihe 916 sind ein weiteres Beispiel für den langen Weg, den Karosserien mitunter auf dem Weg zur Serienfertigung zu absolvieren haben. Die grundsätzliche Idee der geschlossenen Fahrzeugfront, aus der die modernen, klein bauenden Ellipsoid-Scheinwerferpaare blinzeln, zeigt Pininfarina 1981 mit der Studie Quartz auf der technischen Basis des neuen Audi Quattro. Fünf Jahre später zeigt Pininfarina in Turin ein formal an Zwillinge erinnerndes Doppel aus Spider und Coupé namens Vivace. Alfa Romeo betont die Schlagkräftigkeit des hauseigenen Centro Stile mit dem 1991 in Genf gezeigten Proteo, eines allradgetriebenen Concept Car auf Basis des Alfa 164, bei dem sich das knapp geschnittene feste Glasdach komplett versenken lässt. Und als Spider und GTV dann 1994 in Paris Premiere feiern, ist auch noch das raffinierte Linienspiel mit ineinander verdrehten Karosserieflächen zu entdecken, das bereits Pininfarinas Ferrari-Studie Mythos von 1989 geprägt hat.

Auch das Recycling eigener Entwürfe gehört mitunter zum Tagesgeschäft. So wirken die Linien des von Pininfarina 1969 gezeigten gelben Sportwagens auf Basis eines

CONCEPT CARS UND STUDIEN WEISEN DEN WEG ZUM SERIENFAHRZEUG

Das auf dem »Disco Volante« 6C 3500 SS aufbauende Coupé Super Sport weist den Weg zum »Duetto«.

Tipo 33 äußerst vertraut; schließlich steht ein dem Alfa zum Verwechseln ähnlicher Sportwagen im Jahr zuvor auf der Messe in Paris. 1968 trägt er allerdings leuchtendes Rot, einen Zwölfzylinder vor der Hinterachse und den Namen Ferrari 250 P5 Berlinetta Speziale.

Der Tipo 33 erweist sich als beliebte Basis für spektakuläre Sportwagen-Studien. Grund dafür ist das ideale Layout mit flachem Rahmen und Mittelmotor, das gelungene Proportionen ermöglicht. Aber auch die Tatsache, dass der erfolgreiche Rennsportwagen sich für den Straßengebrauch nicht wirklich gut domestizieren lässt, vereinfacht den Karosseriebauern den Zugriff auf die potente Basis. Nach dem ersten Pininfarina 33er-Roadster von 1968 zeigen die Designer aus Grugliasco beispielsweise 1971 einen dritten Tipo-33-Prototypen, den 33 Spider Prototipo Speziale, dessen markant eckige und keilförmige Gestalt stilweisend für die 1970er-Jahre wird. Er passt damit in die Reihe der ebenfalls auf dem Tipo 33 basierenden Entwürfe von Bertone (Carabo, 1969) und Giugiaro (Iguano). Der 1969 gezeigte Iguano lässt auch den Bruch mit der zuvor noch von Rundungen geprägten Formgebung erkennen – wie beispielsweise bei dem 1964 gezeigten, auf der Giulia TZ basierenden Canguro. 1976 folgt mit dem Bertone Navajo noch ein Nachzügler auf 33er-Basis.

Auch dieser aerodynamische 8C 2900 B Sport Spider von 1939 mit futuristischen Klappscheinwerfern (!) bleibt ein Einzelstück.

Zwischenzeitlich trägt der 6C 3500 auch modische Heckflossen. Interessant sind auch die durchsichtigen Kotflügel vorn.

Der 1968 in Turin gezeigte Roadster Gran Sport stammt von Pininfarina und basiert – wie der Carabo – auf dem Tipo 33.

Das Glasdach des Proteo macht ihn gleichzeitig zum Spider und Coupé. Er gibt eine Vorahnung auf die kommende Spider-Generation.

Mit dem Nuvola erklärt das Centro Stile die Formensprache der folgenden Serienmodelle. Und es kommt das changierende Hellblaumetallik in die Farbpalette.

STUDIEN BEFLÜGELN DIE FANTASIE, ZEIGEN WEGE, BIETEN DENKAN-STÖSSE UND MOTIVIEREN MITARBEITER

Aber die Concept Cars der Designer fungieren nicht nur als Automobil gewordene Visitenkarten. Gern werden sie auch von Herstellern genutzt, um Werbung für eine neue Modellgeneration oder auf die Marke aufmerksam zu machen. Ein Beispiel dafür ist der futuristische Alfasud Caimano aus der Werkstatt von Ital Design. Sein flacher Bug zeigt 1971 auf eindrucksvolle Weise die kompakte und tiefliegende Motorenanordnung des im Jahr darauf auf den Markt kommenden Serienfahrzeugs. Der 1996 präsentierte Nuvola soll das Publikum auf die neue Formensprache von Alfa Romeo vorbereiten; schließlich stehen mit Alfa 156, Alfa 166 und Alfa 147 die Modelle in den Startlöchern, mit denen sich die Marke nahezu neu erfindet.

Eine Serienproduktion des Nuvola steht nicht wirklich auf dem Programm. Durchaus realistischer ist die 2003 gezeigte SUV-Studie Kamal. Sportliche Geländewagen erfreuen sich großer Beliebtheit und die Attraktivität kompakterer Vertreter dieser Gattung ist – so viel ist vorherzusehen – von wachsender Bedeutung. Doch der schicke 4x4 bleibt unverwirklicht. Ihn ereilt damit das gleiche Schicksal wie die von Zagato gezeigte Studie »Tiempo libre« (ital. für »Freizeit«) auf Basis eines allradgetriebenen Alfa 33. Mit hohem Dach, variablem Innenraum und Allradantrieb gibt die Studie einen Vorgeschmack auf moderne »Crossover«, kompakte, geländegängige Fahrzeuge mit Van-Qualitäten. Dieses Konzept ist Mitte der 1980er-Jahre allerdings seiner Zeit zu weit voraus.

Der 2002 von Giugiaro gezeigte Brera passte vollends in die Zeit und wurde binnen drei Jahren in großer Serie umgesetzt. Wie weit die 2010 gezeigten Messemodelle – allen voran der futuristische Bertone Alfa Romeo Pandion – ihrer Zeit voraus sind, wird sich zeigen.

Giugiaros Alfa 33 kommt flunderflach in futuristischem Silberglanz daher.

Mitunter recyclen die Carrozziere auch ihre Entwürfe. Diesen Sportwagenentwurf fertigt Pininfarina auch mit Ferrari-Technik.

Mit dem Kamal hätte Alfa Romeo heute einen durchaus wettbewerbsfähigen, kompakten SUV im Programm.

IMMER WIEDER WIRD EIGENINITIATIVE MIT ERFOLG BELOHNT

Giugiaro löst mit dem auf dem Maserati Coupé basierenden Brera einen Begeisterungssturm aus, der dazu führt, dass die Linienführung des Salonlöwen zum Vorbild für die Modellfamilie des Alfa 159 wird.

EIN FALL FÜR ZWEI

ALFA 155
ALFA 155 Q4
ALFA 155 V6 TI

Die sportliche Mittelklasse-Limousine ist Kern der Marke. Dementsprechend groß ist die Sorgfalt, mit der die nun bei Fiat eingegliederte Marke sich dieser Aufgabe annimmt. Neuer Chefdesigner bei Alfa Romeo ist der 1986 von I.DE.A. gekommene Walter de'Silva. Schlüssel für die Lösung der Aufgabe ist das Projekt »Tipo 2«, bei dem eine Reihe verschiedener Modelle – ähnlich wie zuvor bei »ALBERTO« – sich einer identischen Plattform bedienen. Das Resultat für den Nachfolger des Alfa 75 ist ein Viertürer, der sowohl auf der Straße als auch auf der Piste seine sportlichen Ambitionen unter Beweis zu stellen vermag.

Mit dem Alfa 155, anno 1992, hat die Mailänder Traditionsmarke in neue Zeiten gefunden. Optisch führt der von I.DE.A. und dem Ex-Zagato-Chefdesigner Ercole Spada in Form gebrachte Viertürer die keilförmige Linie der Nuova Giulietta und des Alfa 75 fort. Die bewährte Transaxle-Technik hat nun indes ausgedient. Wie bereits beim Alfa 33 und Alfa 164 werden auch beim Alfa 155 in erster Linie die Vorderräder angetrieben. Einzige Ausnahme bildet der Alfa 155 Q4 mit permanentem Allradantrieb. Das moderne System mit drei Ausgleichsgetrieben – ein herkömmliches, ein mittleres Gleichlaufgetriebe (mit Visco-Kupplung) und ein hinteres, selbstsperrendes Torsen-Differenzial – wird zuvor in jahrelangem, erfolgreichem Rallye-Einsatz zur Serienreife entwickelt und ist »State of the Art«. Die Konzernschwester Lancia erobert mit dem derart angetriebenen Delta nicht weniger als sechs WM-Titel. Als Antriebsquelle für den Q4 dient das ebenfalls bei Lancia bewährte turbogeladene Zweiliter-16-Ventil-Triebwerk. Im sportlichsten aller Serien-155er leistet es 190 PS.

Über eine ganz andere Leistungscharakteristik verfügt der V6. Er mobilisiert aus 2,5 Litern Hubraum 166 PS und stellt die kultivierte Spitze in der Motorenpalette dar. Anfangs werden zudem noch mit dem Alfa 155

1995 erfährt der Alfa 155 ein Facelift, bei dem ihm bauchige Kotflügelverbreiterungen wachsen. Sie erfüllen Homologationsvorgaben für den Sporteinsatz.

Die luxuriöse Version kommt mit schmucken Felgen mit glanzgedrehtem Kranz auf die Straße.

Die sportlichere Ausstattungslinie trägt schwarze Speedline-Räder, die an die in der DTM verwendeten Felgen erinnern.

DER ALFA 155 GEWINNT MIT FRONT- UND ALLRADANTRIEB, MIT VIER UND SECHS ZYLINDERN

Die DTM-Jahre von 1993 bis 1996 gelten als die goldenen. Hauptdarsteller ist der Alfa 155 V6 TI mit zweieinhalb Liter großem und bis 12 000 U/min drehendem V6, intelligentem Allradantrieb und semi-automatischer Schaltung. Diese stammt aus der Formel 1 und ist ab dem Alfa 156 Selespeed auch für Serienfahrzeuge lieferbar.

1.8 TwinSpark und 2.0 TwinSpark die klassischen Alfa Romeo Vierzylinder-Alumotoren mit 1773 (124 PS) und 1995 cm³ (143 PS) angeboten. 1993 kommen der 1749 cm³ große Alfa 155 1.7 TwinSpark mit 116 PS und die 90 sowie 125 PS starken 1.9 und 2.5 Turbodiesel hinzu. Der 1.7 dient als Homologationsmodell für den Sporteinsatz. So gibt es dann auch eine Sonderserie namens Silverstone, die dank des mit Distanzstücken in der Höhe aufstockbaren Heckspoilers leicht zu identifizieren ist. Analog zu den für den weiterhin erfolgreichen Sporteinsatz in der Supertourenwagen-Klasse (nach FIA Klasse-2-Reglement) erhält der Alfa 155 1995 eine Überarbeitung, die vor allem durch die nun voluminösen Kotflügel auffällt. Sie bieten den für den Renneinsatz erforderlichen üppigen 18-Zoll-Rädern Platz. Unter der keilförmigen Haube mit dem nun verchromten Scudetto erhalten neue Triebwerke Einzug: Der neu konstruierte Zweilitermotor mit 1970 cm³ Hubraum, 16 Ventilen, zwei Zündkerzen pro

Zylinder und zwei Ausgleichswellen leistet jetzt 150 PS. Damit beschleunigt der Zweiliter nun auf eine Höchstgeschwindigkeit von 208 km/h. Der Grauguss-Vierzylinder entstammt einem neuen Motorenbaukasten, der fortan in dem modernen süditalienischen Motorenwerk Pratola Sera entsteht.

Dazu kommen noch die beiden leicht schwächeren Versionen mit 1,6 und 1,8 Litern Hubraum. Sie leisten 120 respektive 140 PS. Die zweite Serie des Alfa 155 gibt es wahlweise in einem eleganten Outfit und chromierten Alufelgen, deren Design an die klassischen Magnesium-Räder des Giulia Sprint GTA angelehnt ist, oder in sportlicher Optik mit schwarzen Fünfspeichen-Rädern, wie sie zuvor in der DTM und beim Alfa 155 DTM-Sondermodell zu sehen sind. Gerade unter den motorsportbegeisterten Alfisti findet das zum Saisonende 1993 erscheinende Sondermodell mit seiner am Rennwagen angelehnten Beklebung, den martialischen 16-Zoll Rädern, Auspuffblende und Carbon-Einlagen im Cockpit großen Anklang. Deshalb legt Alfa Romeo in Deutschland in der Saison 1994 auch eine neue Serie auf. Ab 1995 stammt das sportliche Outfit dann ja vom Werk.

DER ALFA 155 Q4 IST IN WAHRHEIT EIN ALFAESK EINGEKLEIDETER LANCIA DELTA INTEGRALE SEIDICI

Auf der Rennstrecke scheint der Alfa 155 – gleich, ob als Allradler oder Fronttriebler – kaum zu schlagen. Die keilförmige Limousine erobert den Tourenwagensport auf Anhieb und wird zum erfolgreichsten Renntourenwagen der 1990er-Jahre. Bereits 1992 gewinnt der allradgetriebene Alfa 155 GTA mit aufgeladenem Zweiliter-Triebwerk nicht weniger als 17 der 20 Rennläufe zur italienischen Tourenwagen-Meisterschaft. 1993 ist es dann der nach Klasse-1-Reglement aufgebaute, ebenfalls allradgetriebene Alfa 155 V6 TI, der auf Anhieb die hart umkämpfte DTM für sich entscheiden kann und in den vier Jahren bis zum Ende der DTM/ITC zahlreiche Rennen gewinnt. Parallel dazu gewinnen die zweilitrigen Fronttriebler im Klasse-2-Renntrimm weltweit verschiedene Titel und rennen erfolgreich in den Supertourenwagen-Meisterschaften in England, Spanien und Portugal, Italien, Deutschland, Frankreich und Südamerika.

Die Grundarchitektur des Alfa 155 ist identisch mit der des Lancia Dedra und Fiat Tempra. Grundlegend optimiert lebt sie bis zum Alfa 147 und Lancia Delta der dritten Generation. Als technische Leckerbissen bietet Alfa Romeo für die Top-Modelle ein einstellbares Fahrwerk mit elektronisch geregelten Dämpfern. Auch ABS gehört zum Lieferumfang, für den Sechszylinder und Q4 ist es obligatorisch. Übrigens rennt auch der DTM-Bolide ab 1994 mit ABS. 🍀

Grandiose Sporterfolge mit verschiedenen Rennversionen des Alfa 155 wirken wie Öl für die Maschine und bereiten die Renaissance der Marke vor.

KOMPAKTES DOPPEL

ALFA 145
ALFA 146

Alfa Romeo geht als Titelträger in die DTM-Saison 1994, 22 Jahre nach Erscheinen des Alfasud präsentiert Alfa Romeo mit dem Alfa 145 ein grundlegend neues Kompaktklassemodell, das mit zeitgemäßen Qualitäten aufwarten kann. Großes Augenmerk wird dabei auf die Sicherheit der Insassen gelegt. So sind ABS, Airbags, Seitenaufprallschutz und weitere Sicherheitselemente beim neuen Drei- und Fünftürer selbstverständlich. Zwangsläufig wachsen auch Dimensionen und Gewicht des Alfa 145 respektive Alfa 146.

Das Gewicht des Dreitürers mit der auffälligen Stufe in der Seitenfensterlinie und dem knackigen Heck (es stammt vom späteren Chefdesigner Andreas Zapatinas) raubt dem abgasgereinigten Boxer-Triebwerk das noch zuvor im Alfasud und Alfa 33 gekannte Temperament. Um Fahrleistungen zu bieten, wie Alfisti sie von den überaus agilen Vorgängern gewohnt sind, verlangen die ehemals hoch gelobten Boxer-Aggregate nach Drehzahlen. Und das geht auf Kosten des Kraftstoffverbrauchs. Deshalb werden der 90 PS starke 1300er und der 1.7-16V-Boxer mit 129 PS dann auch ab 1997 von der neuen Reihenvierzylinder-TwinSpark-Generation mit 1.4 (103 PS), 1.6 (120 PS) und 1.8 Litern Hubraum (140 PS) abgelöst. Bereits Mitte 1995 steht mit dem 2.0 (150 PS) eine neue Top-Motorisierung zur Verfügung. Auch der anfangs montierte 90 PS starke 1.9 TD wird – nach Erscheinen des Alfa 156 – durch den wegweisenden Common-Rail-Diesel-Direkteinspritzer mit der Bezeichnung JTD ersetzt.

DER DREITÜRER IST KNACKIG, DER FÜNFTÜRER EINE KOMPAKTE LIMOUSINE

Die 150-PS-Version des Alfa 145 hört auf die Bezeichnung Quadrifoglio. Dem fünftürigen, 1995 erscheinenden Schwestermodell beschert das Triebwerk das legendäre Kürzel »TI«. Technisch und – zumindest bis zur Höhe des Armaturenträgers – stilistisch sind der kompakte Dreitürer und der coupéartig geschnittene Alfa 146 identisch. Die Plattform-Architektur kennen Alfisti bereits vom Alfa 155. Interessanterweise läuft der etwas schwerere Alfa 146 wegen seiner längeren Karosserieform und damit günstigeren Aerodynamik ein wenig schneller als der identisch motorisierte Alfa 145: Bei den meisten Versionen beträgt die Differenz zwei Kilometer pro Stunde, beim spoilerbewehrten Zweiliter sind es ganze fünf.

Der Innenraum ist licht und hell und wirkt wegen der hohen Sitzposition und des auf der Beifahrerseite zur Windschutzscheibe eingezogenen Armaturenträgers extrem geräumig. Die Modelle der zweiten Serie warten mit einer überarbeiteten Mittelkonsole auf. Die eigenwillige Form des Armaturenbretts wird indes beibehalten. Äußerlich weist ein dezentes Facelift mit harmonisch der Linienführung angepassten Stoßfängern und geglätteten Grillblenden unter dem in die pfeilförmige Haube eingelassenen Scudetto ab 1997 darauf hin, dass sich beim Alfa 145 und Alfa 146 auch unter der Motorhaube etwas getan hat.

Mit Alfa 145 und Alfa 146 versucht Alfa Romeo den Auftritt des kompakten Fronttrieblers auf die unterschiedlichen Erwartungen der Zielgruppen zurechtzuschneidern.

DER SPIDER UND SEIN ZWILLINGSBRUDER

SPIDER
GTV

Der GTV und sein geschlossener Zwillingsbruder, der Spider der Baureihe 916, erblicken im Herbst 1994 das Licht der automobilen Welt. Damit geht der Zuschlag zum Entwurf – und ab Spätsommer 2000 auch zur Fertigung – an Pininfarina. Spider aus der Feder Pininfarinas haben bei Alfa Romeo eine lange Tradition. Doch in Sachen Coupé datieren die letzten Fahrzeuge aus der frühen Nachkriegszeit. Technik, Fahrwerk und Interieur der sportlichen Zwillinge sind identisch und basieren auf der »Tipo 2«-Plattform, deren Fußraum eigens abgesenkt wird, um eine für Sportwagen adäquate niedrige Sitzposition zu ermöglichen. Unterschiede gibt es lediglich in der zu öffnenden Stoffkapuze (beim Spider) und dem keilförmig aufragenden Heckabschluss (des GTV).

Eigentlich ist die Vorstellung des neuen Spider bereits für 1993 avisiert, doch auf Wunsch des damaligen Fiat Auto-Verantwortlichen Paolo Cantarella erhält der Spider ein neues, in dieser Fahrzeugklasse konkurrenzloses Fahrwerk. Dafür müssen die Produktverantwortlichen jedoch nachsitzen und die Entwicklungszeit verlängert sich dementsprechend. Der zeitliche Verzug ist nicht das einzige Opfer, das es in Kauf zu nehmen gilt: Auch das Kofferraumvolumen wird durch die voluminösen Baumaßnahmen angetastet.

Nach Verzicht auf das Reserverad erweist sich der Spider trotz seines aufwendigen und voluminösen Fahrwerks in seiner Klasse als kleines Raumwunder. Neben dem tiefen Kofferschacht befindet sich auch noch ein großes, abschließbares Gepäckfach hinter den Sitzen, und der Raum darüber nimmt weitere Reisetaschen auf.

Als formale Vorgänger für die Sportwagen, deren Motor und Antrieb sich unter der nahezu komplett zu öffnenden Fronthaube verstecken, dienen verschiedene Pininfarina-Studien, wie beispielsweise der bereits 1981 in Genf gezeigte Quartz. Dabei handelt es sich um ein knapp geschnittenes Coupé mit glatten Flächen, alfatypischen Überhängen – vorn lang, hinten kurz – und großflächigen

Der V6 mit seinen verchromten Ansaugrohren ist nicht nur ein optischer Leckerbissen.

Bis zum Facelift 2003 fällt das Scudetto eher zurückhaltend aus.

Anders als beim GTV ist das Heck des Spider abfallend gestaltet. Der Heckspoiler dieses GTV V6 24V mit 17-Zoll-Rädern und Aerokit unterstreicht die Keilform des geschlossenen 2+2.

DIE MEHR-LENKERACHSE KOSTET KOFFERRAUM, ABER SCHENKT PLATZ UND SPASS AUF DER STRASSE

Doch das Styling ist nicht alleinige Sache von Pininfarina, auch das Centro Stile Alfa Romeo ist bei der Formfindung der neuen Sportler involviert. So erinnert nicht nur die Frontgestaltung an die Studie Protéo, einen High-Performance-Roadster mit versenkbarem Stahldach.

Unter der Haube der Serienwagen arbeiten der Zweiliter-TwinSpark-Vierzylinder (150 und 155 PS) und der Dreiliter-V6. Die 192 PS starke Version mit zwei Ventilen pro Brennraum wird 1997 durch eine 220 PS starke Vierventil-Version ersetzt. Der zwischenzeitlich angebotene Spider 1.8 TwinSpark mit 140 PS »tanzt« nur wenige Sommer. Darüber hinaus entsteht – in erster Linie für den italienischen Markt – bis anno 2000 eine aufgeladene Version mit 200 PS starkem Zweiliter-V6. Doch entgegen dem ab 1998 zwischenzeitlich angebotenen, seltenen GTV mit 1,8-Liter-TwinSpark (144 PS) ist der 2.0 TB auch hierzulande zu erstehen.

Wie der GTV erfährt auch der »Spider 916«, wie er von einigen seiner Anhänger genannt wird, zum Modelljahrgang 1998 eine Frischzellenkur mit neuer Mittelkonsole im Alu-Look und 16-Zoll-Speichenrädern anstelle der bislang montierten 15-Zöller. Ab 2000 bis zum Produktionsende 2005 werden die beiden Sportler nicht mehr im ehemaligen Alfa Romeo Stammwerk Arese gefertigt, sondern – wie ihre Vorgänger auch – bei Pininfarina im Turiner Vorort Grugliasco. ☘

2003 erscheint die überarbeitete Optik mit großem Scudetto und neuen Rädern. Die Fertigung des sportlichen Doppels ist bereits im Jahre 2000 von Arese nach Grugliasco zu Pininfarina umgezogen.

Kunststoffelementen, wie beispielsweise der einteiligen Haube, in der zwei kleine runde Öffnungen pro Seite die neuartigen Ellipsoid-Scheinwerfer hervorblitzen lassen. Sie tauchen 1:1 bei dem nun frontgetriebenen Spider und GTV wieder auf. Und auch das Leuchtenband im Heck findet sich beim »doppelten Flottchen« wieder.

Mit dem Alfa Romeo Vivace Spider und Coupé zeigt der Turiner Couturier 1986, wie er sich zwei unterschiedliche Modelle bei weitestgehender Verwendung identischer Bauteile vorstellt. Bei den keilförmigen, mit einem aufsteigenden Knick vor dem hinteren Radhaus versehenen Sportlern stimmen neben Front- und Heckstoßfängern auch die Motorhaube und Türen überein. Und 1989 zeigt Pininfarina dann mit dem Mythos einen aufregenden Spider, bei dem die ineinander verschachtelten Flächen und die fließenden Übergänge der gegenläufig gewölbten Elemente von Front und Heck als handwerkliches Muster für GTV und Spider dienen. Pininfarina-Generaldirektor Lorenzo Ramaciotti sieht in dem Mythos »eine neu interpretierte Hommage an die zahlreichen Prototypen der 1960er-Jahre«. Tatsächlich brechen die aufsehenerregenden Keile damals mit den lieblichen, harmonischen runden Formen und sorgen auf dem automobilen Sektor für die Frische und gestalterische Aufgeschlossenheit, für die den 1970er-Jahren heute ein besonderer Platz in der Kunstgeschichte eingeräumt wird. Und auch dem langjährig produzierten Spider der Baureihe 105 gehen auf dem Weg zum Serienfahrzeug etliche Prototypen voraus.

DAS COCKPIT VON GESCHLOSSENEM SPIDER UND GTV IST WIE EINE HEIMELIGE HÖHLE UND DIE HOHE GÜRTELLINIE VERWANDELT DIE FLACHEN SCHEIBEN IN SCHMALE SCHLITZE

EIN VOLLTREFFER ZUR RENAISSANCE

ALFA 156,
ALFA 156 GTA
ALFA SPORTWAGON
ALFA SPORTWAGON GTA

»Der Alfa 156 hat seiner Marke zu einem schnelleren Comeback verholfen, als ich erwartet habe. Ich halte Alfa Romeo für eine der stärksten Marken der Welt. Und das genügt: Ein Auto, und die ganze Welt glaubt wieder an sie. Ich glaube nicht, dass das mit einer anderen Marke zu schaffen wäre«, lautet die Einschätzung von Ferdinand Piëch, dem Porsche-Enkel und Baumeister des Volkswagen-Konzerns. Für den von Walter de'Silva und Wolfgang Egger unter der Ägide von Paolo Cantarella (als Konzernlenker) und Roberto Testore (als Fiat Auto-Chef) geschaffenen Alfa 156 ist das ein dickes Lob aus berufenem Munde.

Tatsächlich erfindet sich die Marke mit dem Alfa 156 praktisch wieder neu. Als der hinreißende Viertürer 1997 auf dem Markt erscheint, heimst er auf Anhieb Auszeichnungen ein, gewinnt Leserwahlen und erhält auch von Experten Bestnoten. Eine mit internationalen Fachjournalisten besetzte Jury verziert die sportliche Limousine mit dem Gütesiegel »Auto des Jahres«. Noch wichtiger ist indes, dass er die Herzen vieler Autofahrer im Sturm erobert. Darunter ist auch die Gruppe der Alfisti, die sich zuvor sorgten, dass Alfa Romeo nach Eingliederung in den Fiat-Konzern nicht zu seinen alten Tugenden zurückfinden würde. Der Alfa 156 überzeugt auf Anhieb.

DER ALFA 156 WIRD ZUR GROSSEN ZUGNUMMER FÜR DIE MARKE, DIE BEREITS MIT DEM ALFA 164 NEUE KLIENTEN GEWINNEN KANN

Sein Vorgänger, der Alfa 155, entsteht noch unter Zeitdruck, direkt nach der Privatisierung des ehemaligen Staatsunternehmens, und weist somit eine Reihe von sichtbaren Parallelen zu Schwestermodellen der Marken Lancia und Fiat auf. Der Alfa 156 kann indes in aller Ruhe reifen. Seine Premiere feiert die kompakte Limousine, die damaligen Gerüchten nach auf den Namen Nuova Giulietta getauft werden sollte, 1997 auf der IAA in Frankfurt.

Mit seiner geduckten Karosserie, einer markanten Front mit großem Scudetto und elegant fließenden Linien entzückt er Fachwelt und Publikum gleichermaßen. Der 156 steht so dynamisch, satt und selbstbewusst auf der Straße, dass sogar eingefleischte BMW-Kunden in den Verkaufsräumen von Alfa Romeo auftauchen – und zuschlagen.

Die drehfreudigen Vierventil-Vierzylinder mit Doppelzündung reifen nach rund 40 000 Teststunden, über drei Millionen Prüfstandkilometern und fast sieben Millionen Testkilometern zu der Güte, die dem Doppelzündungskonzept zu neuem Ruhm verhilft. Dazu gesellt sich eine neue V6-Variante mit 24 Ventilen und 190 PS, die 1998 als zwischenzeitliche Top-Motorisierung nachgeschoben wird. Dieser Zweieinhalbliter bellt so herzerfrischend und kernig, dass er zum »Motor des Jahres 2000« gekürt wird. Einen Gutteil des Erfolgs verdankt das Modell den modernen Diesel-Direkteinspritzern, mit denen die Marke rechtzeitig zum Dieselboom attraktive Aggregate anbieten kann. Alfa Romeo startet als weltweit erster Hersteller mit den später weltweit zum Standard avancierenden Common-Rail-Dieselmotoren. Dieses von Fiat gemeinsam mit Bosch entwickelte System besticht durch eine außerordentliche Leistungsausbeute in Verbindung mit Laufkultur und geringem Kraftstoffkonsum. Angeboten werden zwei Selbstzünder. Beide Motoren, ob nun als 1,9 Liter mit anfangs 105 PS (ab Herbst 2000 mit 110 PS) oder der kernige 2,4-Liter-Fünfzylinder mit 136 PS (140 PS), geizen und reizen, dass Alfisti plötzlich zu Dieselfans werden. Mit Erscheinen des grundlegend überarbeiteten Alfa 156 im Jahre 2003 steigt das Leistungsvermögen durch Einführung der Vierventiler auf 140 PS beim Vierzylinder (1.9 JTD 16V M-Jet) und 175 PS beim Fünfzylinder (2.4 JTD 20V M-Jet).

Der Alfa Sportwagon GTA beschleunigt Familien nachhaltig auf bis zu 250 km/h.

Auf der internationalen Rennbühne ist der Alfa 156 jahrelang unschlagbar.

Mit dem schicken, nicht wirklich großzügig bemessenen Sportwagon erobert Alfa Romeo weitere Herzen.

Mit Premiere des Sportwagon Anfang 2000 dürfen sich Alfa-156-Kunden mitunter über Lieferfristen von mehr als neun Monaten ärgern. Der Fünftürer ist die praktischere und optisch noch einmal dynamischere Variante.

Für Dynamik im wahrsten Sinne des Wortes steht dann der 2002 erscheinende GTA. Mit dem Alfa 156 GTA und Sportwagon GTA demonstriert Alfa Romeo sein wiedergefundenes Selbstbewusstsein – mit 250 PS sind sie die stärksten Modelle, die die Mailänder Marke bis dahin auf die Straße entlässt.

DIE MOTORENPALETTE REICHT VON 1,6 BIS 3,2 LITER HUBRAUM, VON 105 BIS 250 PS

Ihre Radhäuser sind leicht nach außen gezogen und die aerodynamischen Elemente dem Leistungsvermögen der GTA-Modelle angepasst. Das lässt sich allerdings erst auf den zweiten Blick erkennen. »Deshalb war der GTA für uns im Centro Stile Alfa Romeo eine große Herausforderung«, erklärt Andreas Zapatinas, »Vater« der Form von Alfa 145 und Fiat Barchetta sowie zwischen de'Silva und Egger Leiter des Centro Stile Alfa Romeo. »Die Kotflügel wurden verbreitert«, so Andreas Zapatinas, »um dem sportlichen Fahrwerk mit seinen 225 Zoll breiten Reifen und den 17 Zoll großen Felgen Platz zu machen.« Neben dem aus dem Tourenwagenrennsport bekannten Rad im Superturismo-Design hat das Centro Stile ein eigenes GTA-Rad geschaffen. Die Felge greift das alfatypische Fünflochdesign auf, zeigt es jedoch in einer ausdrucksvollen und unverwechselbaren Optik. Auffälligstes Bauteil ist der Heckdiffusor, der einen Heckspoiler überflüssig macht.

Die Fahrwerksgeometrie des Alfa 156 erweist sich auch für den GTA als geeignet. Doch im Verborgenen ist das Fahrwerk des 250 km/h schnellen Vier- und Fünftürers modifiziert. Dabei belassen es die Fahrwerksingenieure nicht bei neuen Federn sowie neu dimensionierten Stabilisatoren und Stoßdämpfern. Auch die Vorderachsgeometrie ist leicht verändert und die vorderen Träger sind neu konstruiert, um sie der veränderten Position der Spurstangen anzupassen. In den »17«-Felgen arbeiten großformatige Brembo-Vierkolben-Bremssättel auf üppigen, innen belüfteten Bremsscheiben. Elektronische Assistenten wie ABS mit Aktivsensoren, die elektronische Bremskraftverteilung EBD und ASR gehören ebenfalls zum Lieferumfang. Darüber hinaus verbessert das automatische Sperrdifferenzial ABD die Bodenhaftung auf glatten Steigungen.

Feinschliff erhält die Fahrwerksabstimmung auf der Alfa-Romeo-Teststrecke Balocco und der Nürburgring-Nordschleife. Schon die gleichnamigen Urahnen wurden auf der

Der Alfa 156 GTA ist die entfesselte Variante der dynamischen Limousine.

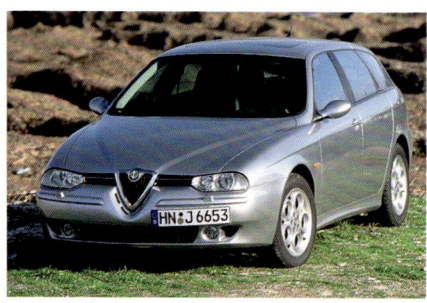

Mit der Modellpflege 2002 kommt ein Benzin-Direkteinspritzer. Spiegel und Stoßleisten sind nun in Wagenfarbe gehalten.

»Schalten wie Schumi …« – 1999 wird der Alfa 156 Selespeed mit elektrohydraulisch betätigtem Getriebe präsentiert.

zwischen Mailand und Turin gelegenen Strecke eingefahren. Und einige ihrer großen Erfolge fuhren die Renncoupés in den 1960er- und 1970er-Jahren auf dem Nürburgring ein. Alfa Romeo ist in der Eifel jahrelanges Mitglied im Industrie-Pool und unterhält dort eine Versuchswerkstatt. Es gibt keinen Alfa Romeo der jüngeren Zeit, der seine Qualitäten nicht erst auf der anspruchsvollsten Piste der Welt unter Beweis stellen muss.

Maßgebliches Bauteil des GTA ist indes der Motor. Da führt kaum ein Weg am mehrfach ausgezeichneten, legendären Alfa-V6 vorbei. Auf 3,2 Liter Hubraum erweitert lautet die Nomenklatur folgerichtig 3,2 V6 24V. In Sachen Leistung tritt er in die Fußstapfen des 230 PS starken Tipo 33 Stradale und Alfa 164 3.0 V6 24V Q4 mit 231 PS. Geschaltet wird der Alfa 156 GTA mittels eines Sechsganggetriebes. Neben dem bislang bekannten manuellen Sechsganggetriebe (allerdings mit verstärkten Gangrädern) steht auch die elektro-hydraulische Selespeed-Schaltung zur Wahl, die Schalten in Formel-1-Manier ermöglicht. Diese Steuerung haben die Italiener über die Formel 1 (1989 mit Ferrari) sowie die DTM/ITC (1995/1996 im Alfa 155 V6 TI) und Ferrari F355 F1 (1997) mit Markteinführung im Alfa 156 Selespeed (1999) auch für eine deutlich größere Zielgruppe erschlossen. Die parallel angebotene wandlergesteuerte Automatik gehört zu den selten georderten Ausstattungsdetails der Modellreihe.

Wichtiger werden indes Ledersitze, Zwei-Zonen-Klimaautomatik oder Xenon-Scheinwerfer. Der Einfachheit halber hat Alfa Romeo einen Gutteil der Ausstattungsdetails in den beiden Ausstattungslinien Distinctive und Progression zusammengefasst. Unabhängig davon tragen sechs Airbags dem gewachsenen Sicherheitsanspruch der Kundschaft Rechnung und auch der Wunsch nach einem Navigationssystem wird erfüllt. Bei Alfa Romeo gibt es sogar einen direkten Anschluss an das Connect-Callcenter. Diese Features halten auch Einzug in den 2002 erstmals überarbeiteten Alfa 156, der von außen vor allem durch die in Wagenfarbe lackierten Stoßleisten und Außenspiegel identifizierbar ist. Mit dem 2.0 JTS befindet sich nun ein Benzin-Direkteinspritzer im Angebot – mit 165 PS, einem Verbrauch von rund zehn Liter pro 100 Kilometer und 220 km/h Spitze. Während für den GTA 38 400 beziehungsweise 39 700 Euro (Sportwagon) zu entrichten sind, steht der 2.0 JTS mit 26 700 Euro in der Preisliste.

Im Jahr darauf wird der Alfa 156 auch optisch überarbeitet. Mit der von Giugiaro überarbeiteten Front und Heckpartie bereiten die Mailänder optisch den Weg zu dem in den Startlöchern stehenden, 2005 erscheinenden Alfa 159. Seine Linienführung ist bereits mit Erscheinen der Studie Brera bekannt. Durch Umdrehen der Rückleuchten finden die Designer einen kostengünstigen Weg, die Optik nachhaltig zu modifizieren. Der GTA bleibt – mit Blick auf die Werkzeugkosten – vom Facelift ausgenommen. Einen ungewohnten Auftritt hat der allradgetriebene Alfa 156 Crosswagon, eine mit robusten Applikationen und voluminösen Reifen versehene 4x4-Version für unbefestigte Pfade und lifestyligen Auftritt in einer Zeit, in der andernorts große SUV automobile Mode verkörpern. 🍀

AUF EINMAL RANGIEREN DIE ZULASSUNGSZAHLEN AUF DEM NIVEAU DER FÜR DIE MARKE GOLDENEN 1970ER-JAHRE MIT GIULIA, »BERTONE«, SUD, ALFETTA UND CO.

Im Vergleich zu seinem Vorgänger erinnert der 156, wohl nicht zufällig, an berühmte Ahnen wie etwa die Giulietta. Die moderne Formensprache ist bis heute sehr prägnant.

In Vorbereitung auf die bereits vom Brera bekannte Optik des Nachfolgers erhält der Alfa 156 2003 ein Facelift

Mit dem Crosswagon folgt Alfa Romeo dem von Volvo und Audi aufgezeigten Trend von allradgetriebenen Schlechtwege-Kombis im Stile eines SUV.

EXKLUSIV UND ELEGANT

ALFA 166

Die zweite Serie erhält eine weniger polarisierende Front mit großem Scudetto.

Die Wiedergeburt der Marke beschränkt sich nicht auf die Mittelklasse. Nach dem rundum gelungenen Alfa 156 bringt Alfa Romeo bereits im folgenden Jahr den Alfa 166 auf den Markt und schickt den Alfa 164 nach zehnjähriger Bauzeit in den wohlverdienten Ruhestand.

Der Alfa 166 trägt ebenfalls die Handschrift des Centro Stile Alfa Romeo, das bereits mit Präsentation des Concept Cars Nuvola einen Ausblick auf die neue Linie der Marke gibt. Die sportlich dynamisch anmutende Linienführung findet auf Anhieb Gefallen. Einzig die kleinen, auch mit Xenon-Technik lieferbaren Scheinwerfer der ersten Serie (1998 bis 2003) treffen nicht jedermanns Geschmack. Innovativ sind auch die schmalen Rückleuchten, bei denen erstmalig LEDs Verwendung finden.

Der Alfa 166 ist bereits vor dem Alfa 156 fertig. Präsentiert werden sie in umgekehrter Reihenfolge.

Vier einzeln ausgeformte Sitze – jeweils durch eine Armlehne getrennt – in einem edel ausgeschlagenen Innenraum nehmen Langstrecken den Schrecken. In der gut gefüllten Mittelkonsole dominiert ein Fünf-Zoll-Bildschirm, der wichtige Fahrzeug- und Reisedaten sowie – auf Wunsch über ein Navigationssystem – auch den Weg zum Ziel darstellen kann.

Antriebseitig setzt Alfa Romeo für die Businessclass-Limousine auf den bekannten Zweiliter-TwinSpark-Vierzylinder (150 PS), den fünfzylindrigen Common-Rail-Diesel (136 bis 150 PS) und den Sechszylinder, wahlweise mit zweieinhalb (188 PS) und drei Liter Hubraum (220 PS). Die Fahrleistungen des bestenfalls in 7,9 Sekunden aus dem Stand auf Tempo 100 spurtenden und bis zu 236 km/h schnellen Viertürers können sich sehen lassen. Alle Modelle sind serienmäßig mit einem Sechsganggetriebe ausgestattet. Auf Wunsch ist der Dreiliter jedoch auch mit einem Sportronic genannten Viergang-Automaten erhältlich. Das aufwendige Fahrwerk mit seiner Vierlenker-Konstruktion an der Vorderachse und der mehrfach angelenkten Hinterachse gehört zur Referenzklasse. Und dennoch bietet Alfa Romeo ab Mitte 2000 mit dem VDC (Vehicle Dynamic Control) ein elektronisch gesteuertes fahrdynamisches Sicherheitssystem an. Das bei Alfa Romeo sportlich ausgelegte System gehört mittlerweile zum von der Kundschaft geforderten Standard.

DER ALFA 166 TRITT IN DIE FUSSSTAPFEN DES ALFA 164. GANZ PASSEN TUN SIE NICHT

Wie schon beim Alfa 156 hat die Marke auch für den Alfa 166 zwei Ausstattungslinien – Progression und Distinctive – definiert. Bereits die Progression-Variante weist serienmäßig Features wie Klimaanlage, automatisch abblendbaren Innenspiegel, Bordrechner, LCD-Farbdisplay, Audioanlage mit acht Lautsprechern, elektrische Fensterheber, Zentralverriegelung mit Funkfernbedienung, Colorverglasung, ABS, STR (Sport Throttle Response, sprich: elektronisch gesteuerte Drosselklappen), TCS (Traction Control System), VDC (Vehicle Dynamic Control – das »Alfa-ABS«) und Alu-Felgen auf. Bei den Distinctive-Versionen sind dann auch noch eine MOMO-Lederausstattung, elektrische Sitze, Xenon-Scheinwerfer, Regensensor und Navigationssystem von Anfang an dabei.

Ende 2003 erscheint der optisch überarbeitete Alfa 166. Die Retuschen beschränken sich jedoch auf die Frontgestaltung. Die nun deutlich gewachsenen Frontscheinwerfer finden Gefallen. Sie bieten Platz für jeweils zwei Ellipsoid-Projektoren, wahlweise auch mit Bi-Xenon-Lichttechnik. Eine Scheinwerfer-Reinigungsanlage kennen Alfisti bereits seit Alfetta und Alfa 33, für die Fahrzeuge mit den hellen Gasentladungsleuchten ist sie Pflicht. 2007 läuft die Produktion der Oberklasse-Limousine ohne direkten Nachfolger aus. Doch im Verbund mit dem Fiat-Engagement bei Chrysler ist sowohl ein neues Top-Modell als auch der Weg zurück auf den US-amerikanischen Markt vorstellbar. Anders als bei dem bis 1995 in den USA angebotenen Alfa 164 bleibt dem Alfa 166 der Schritt über den großen Teich verwehrt.

LIEBE AUF DEN ERSTEN BLICK

ALFA 147
ALFA 147 GTA

Mit dem Facelift verliert der Alfa 147 seine mandelförmigen Rückleuchten, die den damaligen Chefdesigner Andrea Zapatinas an die Rückleuchten des 1959er-Chevrolet erinnern.

DER ALFA 147 GTA BRENNT EIN WAHRES FEUERWERK AB UND BEWEIST, DASS BEI AUFWENDIGEM FAHRWERK UND KORREKTER ABSTIMMUNG AUCH 250 PFERDE AN DER VORDERACHSE ZERREN DÜRFEN

Direkt nach Markteinführung des Alfa 156 beginnt die Entwicklung des Alfa 147. Der 370 Millionen Euro teure und über fünf Millionen Testkilometer lange Entwicklungsprozess wird – wie schon beim Alfa 156 – mit dem renommierten Titel »Auto des Jahres« und ordentlichen Ordereingängen belohnt. Tatsächlich schnellen die Verkaufszahlen dank Alfa 156, Sportwagon und Alfa 147 von 101 000 (im Jahre 1996) auf 208 000 anno 1999.

Im Herbst 1997 tritt das Projekt »147« in die Konzeptphase ein. Zu diesem Zeitpunkt steht das theoretische Lastenheft, das die Grundkonzeption des neuen Fahrzeugs definiert, in weiten Teilen fest. Allerdings erlaubt die frühe Entwicklungsphase noch Detaildiskussionen. So beispielsweise beim Tank, der sich gegenüber der ursprünglich im Lastenheft vorgesehenen 50-Liter-Version nach Abwägen zwischen Gewichts-, Raum- und Reichweitenvorteilen um zehn Liter vergrößert. Ähnliche Diskussionen gibt es beim Fahrwerk. Fiat Auto-Chef Testore entscheidet, dass der Alfa 147 ein dem Alfa 156 ähnlich agiles Handling an den Tag legen soll. Damit wird das stark auf Komfort ausgelegte, am Lancia Lybra orientierte Layout verworfen.

Nach Abschluss der halbjährigen Konzeptphase beginnt das sogenannte »Target Setting«, das wiederum sechs Monate dauert. Via Computer-Simulation werden dabei nun Eckdaten, wie die Verwindungssteifigkeit der neuen Karosserie oder das Packaging, festgezurrt. Alle Parameter sind jetzt exakt definiert.

Gegen Ende 1998 entstehen erste Versuchsträger mit wild zerklüfteter Prototypenoptik auf Basis anderer Kompaktklasse-Fahrzeuge, wie dem Alfa 145 oder Fiat Bravo. Die Ergebnisse dieser Versuchsphase gehen in den Aufbau der ersten von insgesamt 54 Alfa-147-Prototypen ein.

WIE SCHON BEIM ALFA 156 SITZT AUCH DER ENTWURF DES ALFA 147 PERFEKT

Zuvor gilt es allerdings noch, das endgültige Design festzulegen. Insgesamt sechs Entwürfe schaffen es von der zweidimensionalen Computergrafik bis zum dreidimensionalen 1:4-Modell. Drei davon steuert das Centro Stile Alfa Romeo unter der Leitung von Chefdesigner Andreas Zapatinas bei, zwei das Studio Pininfarina und eines Bertone. Vier dieser Miniaturausgaben des möglichen Alfa 147 werden nach einer weiteren Auswahl als 1:1-Modelle aufgebaut. Im Vorstand fällt im Sommer 1998 die Wahl auf die dann realisierte Version des Centro Stile.

Jetzt können die Prototypen aufgebaut werden. Dazu entstehen erste Produktionswerkzeuge im Werk Pomgliano d'Arco. Diese ersten, unansehnlich lackierten Fahrzeuge spulen über vier Millionen Testkilometer ab. Dabei drehen sie auf dem italienischen Hochgeschwindigkeitsoval in Nardo unter Volllast unendliche marternde Runden, um ein Motorleben im Zeitraffer hinter sich zu bringen. Sie donnern den Großglockner auf und ab, um auch hier die Zuverlässigkeit der Antriebssysteme und vor allem der Bremsen unter Beweis zu stellen. Auf südafrikanischen Schotterpisten trotzen die Testträger Hitze und Staub. Im schwedischen Proving Ground müssen die Autos zeigen, dass den Systemen selbst arktische Kälte nichts anhaben kann und im Fahrwerk das Potenzial steckt, auch auf Schnee und Eis jeglichen Unbillen der Natur Paroli zu bieten. Insgesamt gehen 2,5 Millionen Kilometer auf das Konto der Zuverlässigkeitsprüfung. Die restlichen 1,5 Millionen Kilometer werden hauptsächlich deshalb absolviert, um das Emissionsverhalten der Motoren zu analysieren und zu optimieren. Dazu addieren sich noch einmal 1,2 Millionen Kilometer, die der fünftürige Alfa 147 und der Common-Rail-Diesel über sich ergehen lassen.

Nach der einjährigen Prototypenphase ziehen die Entwickler einen Strich. Die Resultate fließen in eine zweite Phase mit nun optimierten Versuchsträgern ein. Nach deren Ende machen sich 700 speziell geschulte Mitarbeiter im Werk an den berühmten »Job One«, den Vorserienanlauf. Er umfasst 150 Fahrzeuge, die noch einmal einen Test auf die Zuverlässigkeit aller Systeme durch-

Der Alfa 147 wird als Drei- und Fünftürer produziert. Attraktive Motorisierungen und Ausstattungen gibt es für beide Karosserievarianten.

DER DIESEL IST EIN RENNER – BEIM ALFA 147 CUP IM WAHRSTEN SINNE DES WORTES

Der Alfa 147 ist auch in Südafrika ein Renner.

Auch der Alfa 147 wird auf Wunsch mit der aus Formel 1 und DTM stammenden Schalthydraulik ausgeliefert.

laufen. Die meisten von ihnen beenden ihr kurzes Dasein – genau wie die Prototypen – im Crashversuch.

Auf dem Turiner Salon 2000 ist der Alfa 147 erstmals zu sehen, im Herbst erscheint er auf dem italienischen, im Januar 2001 auf dem deutschen Markt. Und er erobert die Herzen engagierter Autofahrerinnen und -fahrer im Sturm.

Optisch bedient sich der Alfa 147 Anleihen von Vorgängern wie dem 6C 2500 Villa d'Este (Instrumententafellayout), 1900 Sprint (Lichtkanten an der Front) oder Spider (Profilierung der Flanke), ohne dabei jedoch in einen Retro-Look zu verfallen.

Technisch interessant ist unter anderem die Vierlenker-Vorderachse, die – neben dem langen Radstand – für eine in dieser Fahrzeug-Kategorie bislang ungekannte Straßenlage sorgt. Bei den leistungsstärkeren Modellen ist nun auch das erstmals im Alfa 166 vorgestellte Fahrdynamiksystem VDC Serie. Sechs Airbags gewährleisten darüber hinaus einen umfassenden Insassenschutz auch im Falle eines Seitenaufpralls. Und auch das Dienstleistungssystem »Connect« feiert im Alfa 147 seine Premiere. Es liefert – im Idealfall in Einklang mit dem Navigationssystem – maßgeschneiderte Verkehrshinweise, Flug- und Hotelbuchungen sowie allgemeine Informationen über ein per SMS kontaktiertes, in Arese ansässiges Callcenter.

Zu den weiteren Stärken des Alfa 147 zählt seine komplette Ausstattung – speziell in der gehobenen Ausstattungsvariante Distinctive. Hier gehören eine Zwei-Zonen-Klimaautomatik, Tempomat, Aluräder und ein BOSE-Soundsystem von vornherein dazu. Lieferbar ist der Alfa 147 als 1.6 ECO mit 105 PS und mit dem 120 PS starken 1,6-Liter-TwinSpark. Optisch unterscheiden sich die beiden Versionen lediglich durch den um 500 U/min weiter nach oben, bis 7000 U/min skalierten Drehzahlmesser, technisch durch eine elektrohydraulisch verstellbare Einlassnockenwelle, einen Ölkühler und insgesamt je drei Katalysatoren und Lambdasonden. Dazu kommen noch der drehmomentstarke Common-Rail-Diesel mit 1,9 Litern Hubraum und 115 PS sowie der Zweiliter-TwinSpark mit 150 PS (wahlweise auch als Selespeed). 2003 kommt noch – analog zum Alfa 156 – der Alfa 147 GTA mit 250 PS starkem 3,2-Liter-V6 dazu. Der GTA ist bis 2006 in Produktion, der Zweiliter-Benziner wird bis 2007 angeboten.

2005 erfährt die Modellreihe ein Facelift. Wie schon beim Alfa 156 bleibt auch der Alfa 147 davon ausgenommen. Neu sind Frontpartie, Rückleuchten und das ebenfalls überarbeitete Interieur. Motorisch

2005 erfährt der Alfa 147 ein umfassendes Facelift.

BEIM ENTWURF DER FRONT STEHEN 6C 2500 VILLA D`ESTE UND 1900 SPRINT PATE

interessant ist die Premiere der nächsten, 150 PS starken 1,9-Liter-Diesel-Generation mit 16 Ventilen und einer Multipoint-Direkteinspritzung. Dieses Modell stattet Alfa Romeo ab 2006 dann auch serienmäßig mit der Vorderachsdifferenzialsperre namens Q2 aus. Der mittlerweile 120 PS starke achtventilige 1,9-Liter-Diesel bleibt als 1.9 JTDM 8V im Programm. Und die Leistung des 1.9 JTDM 16V steigt auf 170 PS.

Die Ausstattungslinien Distinctive und Progression weichen den Bezeichnungen Moving (Einstiegsmodell mit 105 PS), Corse (für 1.6 TS 16V mit 105 PS und 1.9 JTDM 8V) und Veloce (1.6 TS 16V mit 120 PS und 1.9 JTDM 16V). Bei der sportlichen Veloce-Ausstattung sind Dach und Außenspiegel wahlweise in Schwarz oder Silbern farblich abgesetzt. 18-Zoll-Räder sind Serie, wie beispielsweise auch Sportsitze mit kombiniertem Leder- und Alcantarabezug.

ALTE TUGEND UND NEUE PFADE

ALFA GT

Mit dem Alfa GT erlebt die Marke 2004 die Wiedergeburt des klassischen Sprint in zeitgemäßer Form. Die Linienführung des in Kooperation mit dem Centro Stile Alfa Romeo von Bertone entworfenen Coupés erinnert nicht von ungefähr an seinen Urahn namens Giulietta Sprint. Stilzitate finden sich in dem wie eine tief in die Stirn gezogene Mütze wirkenden Dach und den niedrig bauenden Seitenscheiben einschließlich der beiden Winkel in den hinteren Seitenscheiben. Auch die Dreidimensionalität des mittlerweile alfatypisch gepfeilten Heckfensters und das Verhältnis zwischen der knapp geschnitten wirkenden Kanzel zum voluminösen Fahrzeugkorpus gehören dazu. So wirkt das Bertone-Kleid frisch und doch vertraut. Motorhaube, Frontscheibe, Türflügel und vorderer Kotflügel sind bereits bekannt: Sie stammen vom Alfa 147 GTA. Das großflächig glatte, aufgeräumte Heck lässt das skurril-schöne Coupé Fiat noch einmal vor unserer geistigen Garage einparken.

Aber bei allen Erinnerungsstücken ist den Formbildnern mit dem Alfa GT ein neues, klassisch elegantes Fahrzeug mit markentypischer Formensprache gelungen. Raffiniert ist die große Heckklappe. Sie ist optisch nicht erkennbar und macht das auf der Bodengruppe des Alfa 156 aufbauende Coupé zu einem vielseitig und alltäglich nutzbaren Begleiter. Und auch das Raumangebot profitiert von dem gegenüber dem Alfa 147 um fünf Zentimeter längeren Radstand. Eine große Heckklappe hatten übrigens die Italiener bereits für die 1954 erschienene Giulietta Sprint vorgesehen. Und damit hätten sie – auch automobilhistorisch – weit vorn gelegen. Mit Blick auf die damaligen Fertigungsmethoden und damit unakzeptable mangelnde Karosseriesteifigkeit musste eine kleine Luke reichen.

Unter der vorderen Haube verbergen sich verschiedene Motorisierungen. In Italien markiert ein 1,8-Liter-Vierzylinder-Benziner mit 140 Pferdestärken den Einstieg. In Deutschland sorgen die 165 PS des 2.0 JTS mit Benzin-Direkteinspritzung für den standesgemäßen Einstieg. Die motorische Spitze markiert der 3,2-Liter-V6 mit 240 PS, der bis 2007 produziert wird. Wahlweise ist der Zweiliter auch mit der automatisierten Selespeed-Schaltung lieferbar. Für Aufsehen sorgt die Tatsache, dass auch selbstzündende Triebwerke in die Granturismo-Klasse Einzug halten. Der 150 PS starke 1,9-Liter-CommonRail-Vierventiler (1.9 JTD 16V M-Jet) mit Multijet-Diesel-Direkteinspritzung verfügt über jene Kultur, die den jahrzehntelang für unmöglich gehaltenen Technologietransfer vom Lastfahrzeug ins Lustfahrzeug möglich macht. Mit dem auf die Bezeichnung Q2 hörenden Torsen-Sperrdifferenzial hält ein außerordentlich sportlich geprägtes Bauteil Einzug in den Diesel und verhilft dem Fronttriebler zu einzigartiger Fahrdynamik.

Der Alfa GT erweitert die Modellfamilie um den Alfa 156 und erschließt der Marke zugleich eine neue Fahrzeugkategorie, ohne dabei seinem sportlicheren Bruder, dem Alfa GTV, in die Quere zu kommen. Der GTV aus der Baureihe 916 befindet sich bei Erscheinen des GT bereits am Ende seines Lebenszyklus (1994 bis 2005) und wird mit Erscheinen des 8C Competizione durch ein ungleich sportlicheres Modell ersetzt. Eigentlich hat der GT mit dem Brera bereits einen designierten Nachfolger. Schließlich fußt dieses von Giugiaro in Form gebrachte Coupé auf der Plattform des Nachfolgers, des Alfa 159. Doch wie einst bei den parallel angebotenen Coupés Giulia Sprint GT und Alfetta GT sind Charakter und Auftritt so unterschiedlich, dass beide Modelle in friedlicher Koexistenz angeboten werden.

Ursprünglich hätte der GT – als Erinnerung an seine Urahnen auf Basis der Giulietta – eigentlich auf den Namen Sprint hören sollen. »Für uns«, so der damalige Alfa Romeo Designdirektor Wolfgang Egger, »wird er immer der Sprint bleiben.« ☘

Der Beinraum ist fünf Zentimeter üppiger bemessen als beim Alfa 147, Kunststück – schließlich basiert der GT auf der um fünf Zentimeter längeren Alfa-156-Plattform.

DER GT FÜHRT EIN PARALLELLEBEN ZUM BEREITS DESIGNIERTEN NACHFOLGER, DEM BRERA

Dachcharakteristik, Fensterlinie und Heckscheibe erinnern nicht von ungefähr an die Giulietta Sprint.

QUADRIFOGLIO

ALFA 159
ALFA 159 SPORTWAGON
ALFA SPIDER
ALFA BRERA

Mit einem Ferrari-Achtzylinder unter der Haube, grimmigem Blick aus zweimal drei Rundscheinwerfern und betörenden Proportionen sorgt Giugiaro auf dem Genfer Salon 2002 für Aufsehen. Der Messestar hört auf den Namen Brera und ist eine deutliche Ansage in Richtung Alfa Romeo. Mit dem Alfa 156 hat die Marke wieder die Herzen sportlich emotionaler Autofahrer erobert. Das schlägt sich naturgemäß auch in den Zulassungszahlen und einem für die Marke ruckartig wirkenden Optimismus wieder.

DER TRANSFER DES BRERA-ENTWURFS AUF EINE FRONT-ANTRIEBSPLATT-FORM IST ÜBER-AUS ACHTBAR

Das Echo auf den Salonlöwen ist derart groß, dass Alfa Romeo nicht umhin kommt, den Brera Realität werden zu lassen. Freilich bleiben Ferrari-V8, Heckantrieb und die Flügeltüren im Lambo-Stil dabei auf der Strecke, und auch die Proportionen lassen sich nicht vollends an die für das Fahrzeug zur Verfügung stehende Plattform anpassen. Die architektonische Grundstruktur entstammt der damaligen Ehe zwischen General Motors und Fiat. Sie dient auch für Modelle von Marken wie Saab, Opel und Chevrolet. Ein Malus gegenüber dem einen oder anderen Konkurrenten ist das relativ hohe Gewicht dieser Plattform. So bringt beispielsweise ein mit Sechszylinder und Allradantrieb ausgestatteter Brera 1,8 Tonnen auf die »auto, motor und sport«-Waage, und mit einem Durchschnittsverbrauch von 15,1 Litern auf 100 Kilometer rangiert er in punkto Kraftstoffkonsum leider auf dem Niveau der in jenen Jahren über die Maßen populären Oberklasse-SUVs.

Doch entgegen den Bewertungen der Nörgler, die seinerzeit die Kooperation zwischen dem US-amerikanischen und dem italienischen Autoriesen bewerten, trägt diese Allianz durchaus schmucke Früchte. Mit dem neuen V6 sind auch die immer höheren Abgashürden zu nehmen, die für den klassischen Alfa-V6 zuletzt unüberwindbar scheinen. Sicherlich stammt der Motorblock – für Alfisti wenig romantisch – aus dem Teileregal der australischen GM-Marke Holden, doch der Vierventilkopf aus Aluminium mit

ALFA 159 & CO – EIN QUARTETT VON BESTECHENDER SCHÖNHEIT

Kraftstoff-Direkteinspritzung und Nockenwellenverstellern für die kettengesteuerten Ein- und Auslassnockenwellen ist Motorenbau à la Alfa Romeo pur.

Giugiaros Entwurf dient aber nicht nur dem gleichnamigen Seriencoupé als Vorbild. Vielmehr wird der Entwurf zum Vorbild für ein flottes Quartett, vom Brera über die Limousine und den dazugehörigen Sportwagon bis hin zum Spider. Die Nomenklatur von Limousine und Sportwagon erinnert an die 425 PS starke Formel-1-Alfetta Tipo 159, mit der Juan Manuel Fangio den zweiten Formel-1-Titel nach Mailand holt. Ursprünglich arbeitet Alfa-Chefdesigner Wolfgang Egger mit seiner Mannschaft an einem 156-Nachfolger, dessen Formgebung mitunter an die legendäre Giulia erinnert. Dass letztendlich Giugiaro den Zuschlag für die Gestaltung der wichtigsten Alfa-Romeo-Modellreihe erhält, liegt indes daran, dass er Entwurfs-, Konstruktions- und Produktionsvorbereitungszusagen mit barer Münze Nachdruck verleiht. Und externe Gelder bedeuten einen Segen für die in jener Zeit klamme Fiat-Kasse.

Ein großflächiges Glasdach sorgt für Licht im 2+2-sitzigen Brera.

Im Centro Stile Alfa Romeo herrscht Freude über die Tatsache, beim Alfa 159 spürbar wertigere Materialien einsetzen zu dürfen. Das beginnt bei den schwereren Bodenteppichen und hört bei den tatsächlich aus Metall gefertigten Cockpit- und Lenkradinserts nicht auf. Auch wenn der Brera im Fond knapper geschnitten ist als beispielsweise der parallel auf Basis des Alfa 156 basierende Alfa GT, bieten Alfa 159 und Sportwagon den bis zu fünf Insassen mehr Platz als Limousine und Kombi der Vorgängergeneration. Umklappbare Rücklehnen machen das knapp geschnittene Brera-Kofferabteil praktisch. Das neu im Angebot aufgeführte Panorama-Glasdach beschert ungewohnte Aussicht und entschädigt etwas für die der relativ hohen Sitzposition geschuldete geringe Kopffreiheit.

Die Ausstattungsliste sieht eine Vielzahl von Möglichkeiten zur Individualisierung vor. Eine Dachreling für den Sportwagon gehört dazu.

Der Spider (Typ 939) wird zur offenen, zweisitzigen Version des Alfa 159 und gibt damit seine bisherige Eigenständigkeit auf. Ein Nachteil muss das nicht sein.

Cabriolet- und Roadsterfreunde freuen sich über das deutliche Plus an Karosseriesteifigkeit, mit der der Spider aufwartet. Neu ist, dass auch der offene Zweisitzer optional mit Dieselmotoren produziert wird. Die Motorenpalette für das Quartett umfasst Dieselaggregate mit 120 (1.9 JTDM 8V Eco) über 150 (1.9 JTDM 16V) und 170 PS (2.0 JTDM 16V) bis zum 200 beziehungsweise 210 PS starken Fünfzylinder 2.4 JTDM 20V. Bei den Benzinern haben die Kunden anfangs die Wahl zwischen einem Vierzylinder mit 185 PS (2.2 JTS) und dem 260 PS starken 3.2 JTS V6 24V.

MIT DEM 1.8 TBI FEIERT DER 1750 EINE EHRBARE WIEDERGEBURT

Ab 2009 tritt der mit Nockenwellenverstellern und anderen Feinheiten versehene 200 PS starke 1.8 TBi 16V-Vierzylinder-Benziner an die Stelle des 2.2 JTS. Das aufgeladene Downsizing-Aggregat weckt nicht von ungefähr Erinnerungen an die glorreichen Modelle mit der Bezeichnung 1750. Mit attraktiv eingepreisten »Business-Paketen« erobert Alfa Romeo so nicht nur Herzen, sondern auch wieder Fremdkunden. Die Fahrleistungen des neuen Vierzylindermodells reichen fast an die des Topmodells heran, das auch mit Allradantrieb lieferbar ist und dann – seit dem Alfa 164 und 155 traditionsgemäß – auf die Bezeichnung Q4 hört. Der auffallend große Wendekreis ist bereits von der Vorgängerplattform des Alfa 156 bekannt und allen Modellen der Familie gemein.

Um der Kundschaft eine Orientierungshilfe durch das umfangreiche Angebot an Ausstattungsoptionen zu bieten, haben die Marketingstrategen verschiedene Pakete geschnürt. Neben Sport- und Komfortpaketen gibt es auch das Sportpaket »TI«, mit dem der Auftritt des Alfa 159 eine sportliche Note erhält. Lederbezogene Sportsitze gehören ebenso zum Lieferumfang, wie rot lackierte Brembo-Bremssättel und Leichtmetallfelgen in 19 Zoll. Kaum noch der Rede wert ist das serienmäßige Sicherheitspaket des auch im EuroNCAP-Crashtest brillierenden Alfa 159. Es umfasst sieben Airbags, VDC (ESP), ASR (Anti-Schlupf-Regelung), MSR (Motorschleppmomentregelung), ABS mit EBD (elektronische Bremskraftverteilung) und FPS (Brandschutzsystem) … Der Fahrdynamik zuträglich ist das serienmäßige elektronische Sperrdifferenzial namens Q2.

Der Alfa Sportwagon ist ein Fahrzeug von bestechender Eleganz.

Die Anordnung der Scheinwerfer ist einmal mehr als Reminiszenz an die reiche sportliche Historie der Marke zu verstehen.

EIN ACHTER FÜR DIE BAHN

8C COMPETIZIONE
8C SPIDER

Beim 8C Competizione stehen auch Tipo 33 Stradale und TZ2 Pate, die Nomenklatur erinnert an den gleichnamigen Vorkriegs-Dienstwagen von Tazio Nuvolari.

Das Trompeten des Achtzylinders erinnert eher an die laute Stimme des Tipo 33 denn an den zurückhaltenderen Montreal. Das faszinierende Creszendo erzeugt eine Gänsehaut. Der Zauber des 8C lässt sich mit nackten Zahlen nicht beschreiben. Und doch sind die Eckpfeiler von 4691 cm³ Hubraum, 450 PS Leistung und 480 Nm Drehmoment sachdienliche Hinweise zur Verortung des auf jeweils 500 Exemplare limitierten Sportwagens, dessen Herz aus Maranello stammt. Im »Otto Dschie«, wie es der Italiener ausspricht, leistet der im 90-Grad-Zylinderwinkel gespreizte V8 sogar etwas mehr als im Ferrari F430 oder Maserati Gran Sport.

Stilistisch zitiert der mit Kohlefaser-Karosserie versehene 8C – ganz dem Stil der Marke entsprechend – die hauseigene Historie. So erinnern die unter Plexiglas-Abdeckungen angebrachten Doppelscheinwerfer und Türinnenverkleidungen an den »Stradale«. Und auch Linien und Radien des Giulia TZ beziehungsweise TZ 2 sind wiederzufinden – Kunststück, schließlich parkt während der Modellierphase stets ein dem Museum entliehener TZ 2 im Centro Stile Alfa Romeo.

Nachdem sich Wolfgang Egger und sein Team vom ursprünglich ins Auge gefassten Komponentenspender in Form des Maserati GT trennen dürfen – die Verwendung von Bestandteilen der Maserati-Architektur führt in eine optisch unbefriedigende Richtung –, bildet ein vom renommierten Rahmenhersteller Vaccari & Bosi gefertigter Sportwagen-Rahmen das Rückgrat. Die Montage des Showcars erfolgt bei dem nahe Turin beheimateten Prototypen-Spezialisten I.DE.A. Für das üppig mit hochwertigem Leder ausgeschlagene Interieur zeichnet der Modeneser Spezialist Schedoni verantwortlich.

In punkto Motorisierung stehen in der Anfangsphase des Projekt auch ein – wie beim Nuvola – kompressorgeladener Alfa-V6 und sogar ein V10 zur Disposition. Diese Alternative zum letztendlich gewählten Ferrari-V8 entdecken die Designer, als ihnen in Arese die Gussformen für das einst entwickelte Formel-1-Triebwerk in die Hände fallen. Parallel zu dem im Alfa 164 Pro-Car und Gruppe-C-Boliden montierten Renntriebwerk experimentieren die Techniker Mitte der 1980er-Jahre parallel auch an einer Straßenversion des zehnzylindrigen 3,5-Liter-Aggregats. Gut 400 PS mobilisiert das Kraftwerk, dessen Renaissance an modernen Emissionsstandards scheitert.

159 860 Euro ruft Alfa Romeo für das 2007 erscheinende Coupé, stolze 211 285 Euro für die zwei Jahre später lieferbare offene Version auf. Erstmals gezeigt wird der 8C Spider 2005, im Rahmen des Concours d'Elegance im kalifornischen Pebble Beach.

Für den sechsstelligen Betrag erhalten die Käufer einen perfekt ausbalancierten Sportwagen mit Front-Mittelmotor, sequenziellem Sechsganggetriebe in Transaxle-Anordnung und Doppel-Querlenker-Fahrwerk. Die geschlossene Variante bringt 1585 Kilo auf die Waage, der Spider 1675 Kilo. Den Spurt im Landstraßentempo erledigen die Hecktriebler in 4,2 respektive 4,4 Sekunden. Die Höchstgeschwindigkeit wird bei knapp 300 beziehungsweise 290 km/h erreicht. Verzögert wird mittels großformatiger Carbon-Keramik-Bremsscheiben, die in den üppig dimensionierten 20-Zoll-Felgen Platz finden.

Mit dem 8C besetzt Alfa Romeo nach dem exotischen Tipo 33 Stradale und dem Montreal erneut das Segment achtzylindriger Traumsportwagen. Doch für Alfa Romeo spielt der Bolide eine weitaus bedeutendere Rolle: Er verknüpft die DNA der Marke mit moderner, anspruchsvoller Technik und wird so zum Glaubensbekenntnis an eine weiterhin lebendige Zukunft dieser einzigartigen Marke.

DIE ENTSTEHUNGSGESCHICHTE DES 8C IST EIN GUTES STÜCK GUERILLA

Der 8C Spider feiert seine Premiere 2005 in Pebble Beach.

Weiß ist das neue Schwarz ... und steht auch dem 8C Spider ausgezeichnet.

Die Sitzpfeifen kennen Alfisti bereits vom GTV 1750, den Zuschnitt eher von Ferrari und Maserati.

EIN MYTHOS AUF DEM WEG VON MAILAND NACH TURIN

MITO
ALFA MITO

Mit dem MiTo besetzt Alfa Romeo erfolgreich das Segment luxuriöser Kleinwagen, das BMW mit der Neuauflage des Mini bereits seit 2001 und bis zum Erscheinen des kompakten Alfa Romeo im Alleingang bewirtschaftet. Wie auch sein namhafter Mitstreiter glänzt der MiTo von Beginn an mit einer Vielzahl von Ausstattungsdetails und Individualisierungsmöglichkeiten, mit denen Alfa Romeo den Nerv der Lifestyle-Klientel trifft. Der Erfolg des MiTo fußt auf der Tatsache, dass auch der kleinste aller Alfa Romeo 100-prozentig die DNA der Marke verkörpert.

DNA wird ein Begriff, der erstmals beim MiTo auftaucht, sich aber auch bei anderen Modellen durchsetzt. DNA steht in diesem Fall für eine elektronische Fahrdynamikregelung, bei der der Fahrer mittels Schalterstellung zwischen drei Programmen (dynamic, normal, all weather) wählen kann.

Formal erinnert der MiTo an den 8C Competizione – wenn natürlich auch mit anderen Proportionen. Den sportlichen Anspruch

Der MiTo wirkt, als hätte das Centro Stile Alfa Romeo die Linien des 8C Competizione erfolgreich auf ein kompaktes Maß geschrumpft.

dokumentiert auch der im Kohlefaserlook gehaltene, verschiedenfarbig lieferbare Armaturenträger – die Farbpalette reicht von Competizione Blu über Competizione Rosso bis zu Competizione Nero. Grün eingefärbtes Fasergeflecht trägt das Quadrifoglio verde, das die Flanken der 219 km/h schnellen und 170 PS starken Top-Version schmückt. Seine Kraft erhält der 1,4 Liter kleine Turbomotor nicht zuletzt aus der vollvariablen hydraulischen Ventilsteuerung MultiAir, die Fiat zusammen mit der Schaeffler Gruppe zur Serienreife entwickelt hat. Auch die mit 105 und 135 PS eine beziehungsweise zwei Stufen darunter rangierenden Benzin-Motorisierungen verfügen über diese innovative Technik, die Kraftstoffverbrauch und CO_2-Emissionen signifikant zu senken hilft. Mit MultiAir setzt Alfa Romeo einmal mehr einen Techniktrend, wie beispielsweise mit der bei Fiat und Alfa Romeo auf die Bezeichnung MultiJet hörenden CommonRail-Diesel-Einspritztechnologie. In punkto direkt eingespritzter Selbstzünder stehen ein 90 PS starker 1.3 JTDM 16V und der 1.6 JTDM 16V mit 120 Pferdestärken zur Wahl. Bei den Benzinern, die ohne die vollvariable Ventilsteuerung auskommen, fächert Alfa Romeo das Angebot von 78 PS (1.4 16V) über 95 PS (1.4 16V) bis zu 155 PS (1.4 TB 16V). Die 105 PS starke MultiAir-Version sorgt ab 2010 für eine Neuordnung.

Ebenfalls ab 2010 neu im Programm ist auch ein Doppelkupplungsgetriebe. Diese Sechsgang-Schaltbox mit trockener Doppelkupplung gilt als das effizienteste Getriebe der Welt und verbindet die Vorzüge von manuellem Getriebe mit dem Komfort eines Wandlerautomaten. Im MiTo erweitert es das Angebot an zumeist sechsstufigen Getrieben um eine Schaltautomatik. Automatisch funktioniert auch die 2009 mit den MultiAir-Modellen eingeführte Start-Stopp-Funktion. Durch Ausschalten des Motors beim Ampelstopp wird der Verbrauch und damit auch der CO_2-Ausstoß gesenkt. Der Bestwert in der MiTo-Familie liegt bei 114 g/km (1.3 JTDM 16V) respektive – für Benziner – bei 129 g/km (1.4 TB 16V MultiAir).

Im Jubiläumsjahr ermöglicht Alfa Romeo in Deutschland den Einstieg bereits ab 12 900 Euro. Das ist der Gegenwert für einen 78 PS starken MiTo 1.4 16V inklusive sieben Airbags, VDC und einer Reihe von Komfortfeatures. Wie für alle Modelle dieser Baureihe stehen unter anderem zwei Ausstattungs-

KAUM EIN MITO GLEICHT DEM ANDEREN, DIE INDIVIDUALI- SIERUNGS- MÖGLICHKEI- TEN SCHEINEN UNENDLICH

Die Studie MiTo GTA weist den Weg zum 170 PS starken MiTo 1.4 TB 16V Quadrifoglio Verde mit revolutionärer MultiAir-Technologie.

linien (MiTo und MiTo Turismo – mit Lederlenkrad, Alu-Felgen und Chromdetails) und vier Ausstattungspakete (Sportpaket 1 und 2, Komfort- und Sichtpaket), je zehn Farben und Sitzbezüge, sechs Rad-Designs und zahllose weitere Gestaltungsmöglichkeiten zur Wahl – insgesamt bietet Alfa Romeo 22 Millionen Möglichkeiten, den kompakten Dreitürer zu individualisieren.

Ein ganz besonderes Modell stellt der auf 100 Exemplare limitierte MiTo for Maserati dar. Die in dunklem Maseratiblau gehaltenen, mit 18-Zoll-Alurädern und hochwertigem Poltrona Frau Leder ausgestatteten, 170 PS starken MultiAir-1,4-Liter werden ausschließlich an Maserati-Händler ausgeliefert, die diese Wagen als Service-Ersatzfahrzeuge aushändigen. Einen Listenpreis gibt es demzufolge nicht.

GEBURTSTAGSKIND MIT PROMINENTEM NAMEN

GIULIETTA

Zum 100sten Geburtstag der Marke schenkt sich Alfa Romeo eine neue Giulietta. Die aktuelle Generation mit dem wohlklingenden Namen tritt in die Fußstapfen des kompakten Alfa 147. Da die Modellpalette mit Erscheinen des noch einmal kompakteren MiTo nach unten erweitert wurde, wächst die Giulietta mit einer Länge von 4,35 Metern und 2,63 Metern Radstand deutlich über das Maß eines Volkswagen Golf, der seit Generationen als Bezugsgröße der kompakten Mittelklasse fungiert. Und auch der Alfa 147 misst 13 Zentimeter weniger.

Die Entscheidung, Romeo wieder eine Giulietta zur Seite zu stellen, wird 2009 gefällt, als sich abzeichnet, dass Fiat seine Produktionsstandorte neu aufzustellen hat und der ursprünglich ins Auge gefasste Name »Milano« von den durch etwaige Kürzungen betroffenen Süditalienern als Affront aufgefasst werden könnte. Giulietta ist politisch vollkommen korrekt und weckt Assoziationen vor allem an die kompakte Modellfamilie aus den 1950er-Jahren, mit der die Marke zu ihrem Höhenflug ansetzte. Und so ist auch die ausschließlich als Fünftürer

Die Formgebung der Giulietta orientiert sich am 8C und MiTo – das sind überaus gute Referenzen.

angebotene Giulietta eine Hoffnungsträgerin. Ihr Design nimmt Elemente auf, die mit Erscheinen des 8C Competizione Einzug in die Alfa-Formensprache erhalten. Unter dem sportlich-eleganten Karosseriekleid verbirgt sich eine neue Plattform, die künftig als Basis für verschiedene Modelle des C- und D-Segments dient. Mit dem C-Segment definiert die Automobilwelt die kompakte Mittelklasse, mit dem D-Segment die Mittelklasse (wie beispielsweise Alfa 159, dessen Nachfolger folgerichtig wieder auf den Namen Giulia hören könnte). Die Fahrwerksarchitektur besteht aus einer McPherson-Vorderachse und einer Multi-Link-Achse hinten. Auch Allradantrieb ist mit der neuen Grundstruktur realisierbar.

Apropos Milano: Im Jubiläumsjahr ist in Arese nur noch das Centro Storicho, das Archiv und Museum der Marke zu finden. Nachdem das Kapitel Produktion in Arese bereits mit Verlegung der Fertigung von Spider und GTV der Baureihe 916 zu Pininfarina nach Grugliasco abgeschlossen ist, wird in der Entstehungsphase der Giulietta auch das zuletzt solitär im Norden Mailands angesiedelte Centro Stile Alfa Romeo ins Turiner Fiat Design umgesiedelt. Ein Gutteil der Fahrversuche absolviert die Giulietta – wie auch die Schwestermodelle aus dem Fiat-Konzern – auf der ausgebauten Teststrecke in Balocco. Das liegt auf etwa halber Höhe an der Autostrada Milano-Torino, die vor Ort den Spitznamen MiTo trägt.

Die technischen Parallelen zum MiTo halten sich allerdings in Grenzen. Aber auch die Giulietta kommt in den Genuss der innovativen Multiair-Technologie. Dahinter verbirgt sich eine von Fiat Powertrain Technologies und der Schaeffler Gruppe entwickelte vollvariable hydraulische Ventilsteuerung, die Kraftstoffverbrauch und CO_2-Emissionen signifikant senkt und zugleich, durch einen vorteilhaften Drehmomentkurvenverlauf und besseres Ansprechverhalten des Motors, der Leistungsentfaltung und Fahrfreude zugutekommt. Ebenfalls dem Kraftstoffverbrauch geschuldet ist das serienmäßige Start-Stopp-System. Und auch der

MIT DEM AKTUELLEN GEBURTSTAGSKIND ERSCHEINT WIEDER EINMAL DER NAME GIULIETTA AUF DER AUTOMOBILEN BILDFLÄCHE

»DNA-Schalter«, mit dem Motoransprechverhalten und Fahrdynamik elektronisch geregelt werden können, hält Einzug in das Fahrzeug. Dabei steht »DNA« für die drei zur Auswahl stehenden Programme Dynamisch, Normal und All weather. Standard ist das bei Alfa Romeo auf die Bezeichnung VDC hörende ESP. Ein der Dynamik zugutekommendes Detail ist das erstmalig im Alfa 147 vorgestellte Q2-Sperrdifferenzial, mit dem sich das Gripniveau des Fronttrieblers auf angenehme Weise verbessert.

Die Motorenpalette umfasst zwei Leistungsstufen des 1,4-Liter-Turbos mit MultiAir (120 und 170 PS) sowie den etwas später erscheinenden 1.8 TBi mit 200 PS. Als Top-Version wird ein 235 PS starker Quadrifoglio Verde hinzukommen. Und in punkto Diesel erweitern zwei CommonRail-Diesel-Direkteinspritzer (mit 105 und 170 PS) das Modellangebot.

Zu den bereits bekannten manuellen Sechsganggetrieben kommt ein Doppelkupplungsgetriebe mit ebenfalls aus der Schaeffler Gruppe stammender trockener Doppelkupplung. Diese Schaltbox gilt nicht nur als schnellstes, sondern auch effizientestes Getriebe der Welt.

Ob die dritte Generation der Giulietta in der zukünftigen Alfa-Historie eher in der Nähe der ersten, aus den 1950er-Jahren stammenden Giulietta oder in Sichtweite des Alfa-75-Vorgängers verortet wird, wird auch davon abhängen, ob Alfa Romeo mit Beginn des zweiten Jahrhunderts für die Marke wieder Fuß auf dem US-amerikanischen Markt fasst. Von diesem hatte sich Alfa Romeo Anfang der 1990er-Jahre in Ermangelung aktueller, auf die in den USA geltenden Entwicklungsanforderungen zugeschnittener Fahrzeuge zurückgezogen. Ein ins Auge gefasstes Comeback an der Seite von GM kam nie zustande. Im Verbund mit Chrysler sind die Karten neu gemischt. ☘

Die über der Größe der Kompaktklasse rangierende Limousine bietet sportlichen Luxus für vier bis fünf Personen.

… AUCH IM KLEINEN GANZ GROSS

Die Faszination der Marke und Attraktivität der Formen sowie die sportlichen Erfolge haben zahlreiche Modellbauer zur Reproduktion der großen Vorbilder in kleinerem Maßstab animiert. Die kleine Auswahl von Modellen in der Baugröße 1:43 stellt nur einen Bruchteil der existenten Alfa Romeo Miniaturen dar.

Das Buch ist meinen drei wunderbaren Mädels gewidmet:
Annette und Paulina Anna Giulia sowie Aurelia Feline.

Ihnen gehört auch mein Dank für Geduld und Verständnis.

Weiter danke ich (in alphabetischer Reihenfolge)
dem Alfaclub, Edwin Baaske, Hein Brand, Marco Brinkmann, Malte Dringenberg, Marco Fazio, Paola Gandolfo, Franz-Christoph und Hacki, Jörn Heese, Davide Kluzer, Thomas »Kuni« Kunert, Wolfgang Mache, Giampietro Mantovani, Markus Niestrath, Kirsten Rönnau, Elvira Ruocco, Oliver und »Ecki« Schimpf, Friedhelm und Arnd Slowik, Reiner Toppmöller, Gerhard D. Wagner, Clemens Weigel, Jörg Weusthoff, Norman Winkler, Claus Witzeck und noch zahllosen weiteren begeisterten »Automobilisten«, mit denen ein Austausch stets Anregung und Erlebnis ist.

Bibliografische Information der Deutschen Nationalbibliothek
Die Deutsche Nationalbibliothek verzeichnet diese Publikation in der Deutschen Nationalbibliografie; detaillierte bibliografische Daten sind im Internet über http://dnb.d-nb.de abrufbar.

1. Auflage
ISBN 978-3-7688-3148-2
© by Delius, Klasing & Co. KG, Bielefeld

Idee und Konzept Jörg Walz
Projektleitung Marco Brinkmann
Texte Jörg Walz
Fotos Alfaclub e.V. | Alfa Romeo Archiv | Alfa Romeo Automobilismo Storicho Centro Documentazione | Alfa Romeo Vertriebsgesellschaft mbH | Fiat Automobil AG | Fiat Automobiles Group | Fiat Press, »Kuni« | Nostalgic GmbH & Co KG | Gerhard D. Wagner | Jörg Walz
Gestaltung Weusthoff Noël, Hamburg
Jörg Weusthoff | Ralf Reiche
Layout und Schutzumschlaggestaltung
Weusthoff Noël, Hamburg
Lithographie Format 5, K2Konzept, Hamburg
Druck aprinta Druck, Wemding
Printed in Germany 2010

Alle Rechte vorbehalten! Ohne ausdrückliche Erlaubnis des Verlages darf das Werk weder komplett noch teilweise reproduziert, übertragen oder kopiert werden, wie z. B. manuell oder mithilfe elektronischer und mechanischer Systeme inklusive Fotokopieren, Bandaufzeichnung und Datenspeicherung.

Delius Klasing Verlag, Siekerwall 21, D - 33602 Bielefeld
Tel.: 0521/559-0, Fax: 0521/559-115
E-Mail: info@delius-klasing.de
www.delius-klasing.de

PRODUKTIONSZAHLEN

24 HP	1910-13	über 200	Giulia TZ	1963-67	117
12 HP	1910-11	50	Giulia GTC	1964-66	1000
15 HP	1912-13	100	Giulia GT Junior Zagato	1969-75	1510
15-20 HP	1914-15	180	Spider	1966-93	124 105
40-60 HP	1913-14	25	Gran Sport 1750	1966-67	82
20-30 HP	1914-20	380	33 Stradale	1967-69	18
20-30 ES Sport	1921-22	124	1750/2000 Berlina	1968-76	191 723
G1	1921-22	52	Montreal	1970-77	3925
RL	1922-27	2631	Alfasud	1971-84	900 925
RM	1923-26	500	Alfasud Giardinetta	1975-82	5899
6C 1500	1927-29	1064	Alfasud Sprint	1976-89	121 434
6C 1750	1929-33	2579	Alfetta	1972-84	475 722
8C 2300	1931-34	188	Alfetta GT/GTV	1974-86	136 275
6C 1900	1933	197	Giulietta	1977-85	379 691
6C 2300	1934-39	1606	Alfa 6	1978-87	12 288
8C 2900	1937-39	30	Arna	1983-87	58 894
6C 2500	1939-53	2711	Alfa 33	1983-94	866 958
1900	1950-58	17 390	Alfa 33 Giardinetta/		
1900 Sprint	1951-58	1808	Sport Wagon	1984-94	122 366
1900 Matta	1952-54	2075	Alfa 90	1984-87	56 428
Giulietta	1955-64	131 806	Alfa 75	1985-92	386 773
Giulietta Sprint	1954-62	28 394	Alfa 164	1987-98	269 894
Giulietta Spider	1955-62	17 096	SZ/RZ	1990-91/93-94	1035/241
2000	1957-62	2893	Alfa 155	1992-98	195 526
2000 Spider	1957-61	3459	Alfa 145	1994-2000	204 012
2000 Sprint	1960-62	700	Alfa 146	1994-2000	233 792
Dauphine/Ondine	1959-64	70 502	Alfa 147	seit 2000	609 779
R4	1962-64	41 809	Spider (916)/ GTV (916)	1995-2005	81 831
2600	1962-67	2103	Alfa 156/Alfa Sportwagon	1997-2005	671 903
2600 Sprint	1962-66	6999	Alfa 166	1998-2007	96 575
2600 Spider	1962-1965	2257	Alfa GT	seit 2004	72 890
2600 SZ	1965-67	103	Alfa 159/159/Sportwagon	seit 2005	
2600 De Luxe	1965-66	51	Alfa Brera/Alfa Spider (939)	seit 2005/seit 2006	23 768
Giulia Sprint (101)	1962-64	8507	Alfa MiTo	seit 2008	
Giulia Spider (101)	1962-65	10 341	8C Competizione/	seit 2007	
Giulia	1962-78	572 646	Spider	seit 2009	
Giulia Sprint GT	1963-76	225 215	Alfa Giulietta	ab 2010	

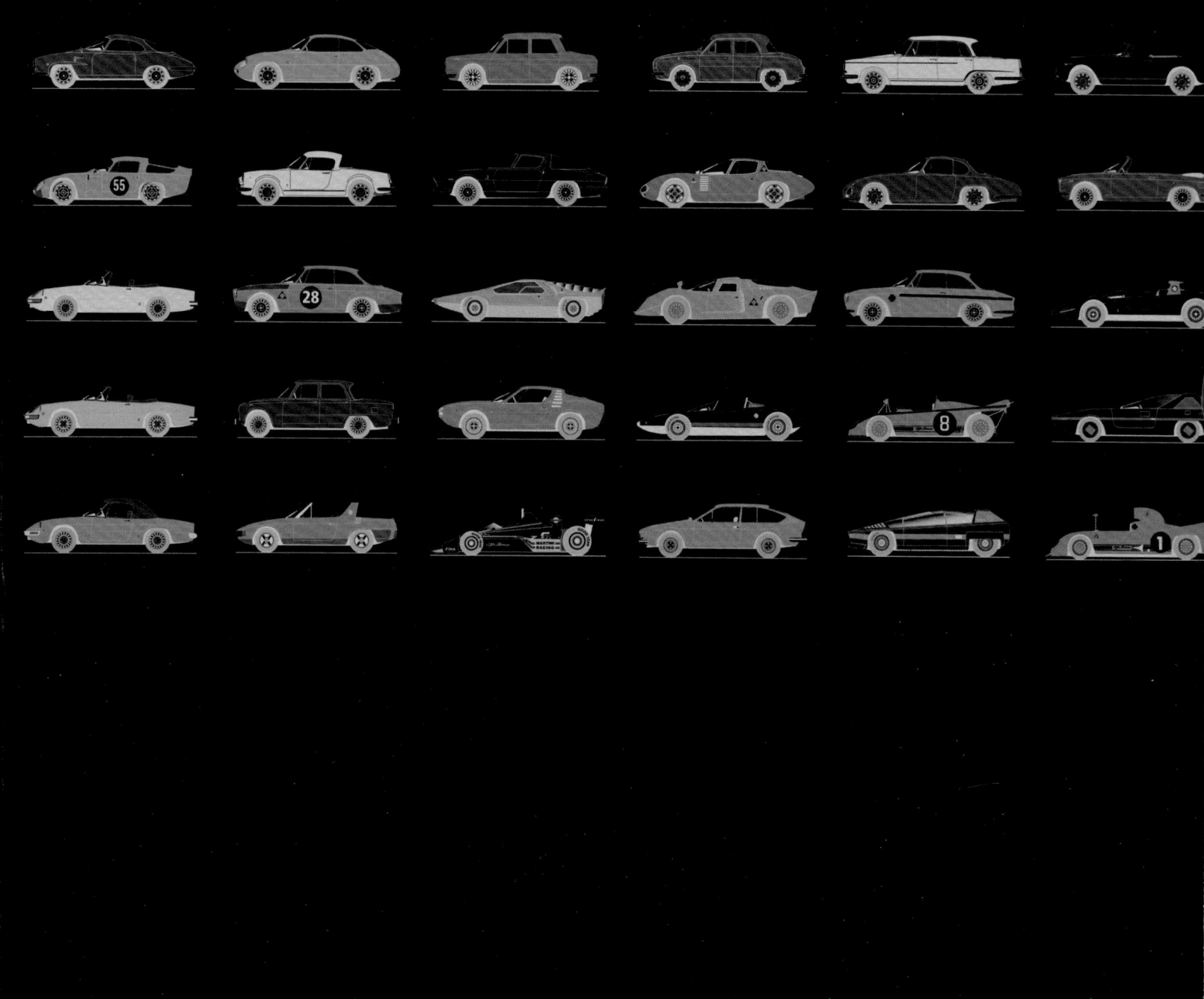